決定版
5G
2030年への活用戦略

総務省
片桐広逸

東洋経済新報社

はじめに　5G元年を迎えて

２０１９年は、令和の掛け声とともに、５G元年前夜と呼ぶのに相応しい年になりました。２０１９年9月には、ラグビーワールドカップを契機に５Gのプレサービスが開始され、５G元年とも言える２０２０年3月からは、５Gの本格的な商用サービスがNTTドコモ、KDDIグループ、ソフトバンクから一斉に開始されました。

最近、ニュースなどで普通に耳にする「５G」とは、第5世代移動通信システム（The 5th Generation Mobile Communications System）のことで、Gはジェネレーション（世代）、つまりこれからは私達の使っている「携帯電話」が、今の第4世代（４G）から、次の5番目の世代に入ったことを意味しています。

では、この5Gは、今までの携帯電話や移動通信と何が違うのでしょうか。また、なぜ

5Gが次世代の情報通信インフラとして、地方創生や産業・社会再生の切り札として期待されているのでしょうか。私は5Gに関する講演などの機会をいただくことも多く、最近は特に多数の参加者がいらっしゃいますが、多くの皆様が知りたいことも、まずはこの点に集約されるでしょう。

これには、大きく三つのポイントがあります。

一つ目は、5Gの多彩な機能と、これを活かした多方面における社会経済面での利活用の可能性です。

まず、5Gでは今の4Gのおおよそ100倍の超高速通信が可能になることで、4Kや8Kといった現在の地上デジタル放送を遥かに上回る超高精細映像を、ストレスなく送れるようになります。

これにより、動画視聴はもちろんのこと、VR（バーチャルリアリティ、仮想現実）などの高精細のコンピュータ画像を含めた大容量のデータのやり取りも簡単になり、ゲームや娯楽だけでなく、観光、医療、防災、教育、テレワーク、広告などのあらゆる分野で、これまで難しかったさまざまな取り組みを、格段に使い勝手よく、低コストで行うことができるようになります。

また、これまでの携帯電話とは異なり、通信のタイムラグがなく（超低遅延）、さまざまなセンサー類や端末が非常に多数つながる（同時多数接続＝大規模ＩｏＴ）ことで、同時映像ライブ中継や多彩な遠隔作業、多種多様で大量のデータ（ビッグデータ）の収集が驚くほど容易になります（ＩｏＴ：Internet of Things とはモノのインターネット、あらゆるものがインターネットにつながることを言います）。

つまり、超高速・大容量、超低遅延、同時多数接続の三つが５Ｇの基本的な機能になりますが、これらをどのように活用して我が国の課題解決に取り組んでいくのかが、重要になるのです。

二つ目は、地方を重視した5Ｇの全国ネットワーク整備の方法です。

現在、政府の方針では、地方創生に資する21世紀の基幹インフラという、５Ｇの意義や特性に鑑み、「５Ｇの地方への速やかな普及展開を推進する」こととされています（閣議決定「未来投資戦略２０１８」）。

しかし、４Ｇまでの携帯電話では、経済効率性の高い都市部からネットワークの整備が始まり、地方や過疎地等での整備が後回しになってしまうことが問題でした。

このため、2019年4月10日に行われた5G用電波の割当てにおいては、後に触れるとおり、都市部・地方部を問わず、均等な全国展開を図るよう義務を課し、携帯通信事業者に電波の割当てが行われました。

三つ目は、都市・地方を問わず地域限定で誰でも5Gシステムを構築できる、「ローカル5G」の導入です。

全国免許を受けた携帯通信事業者は、2024年春までに国土の隅々まで5Gの基盤設備を整備し、需要に応じて速やかなサービス展開を行っていくことになっていますが、この全国展開には一定の時間がかかることや、地域課題を抱える自治体や企業等が、自ら柔軟に5Gを利用したい場合に、個別に5G免許を取得してサービス提供を行うことが可能となります。この「ローカル5G」の第1弾の免許申請の受付けが2019年12月に開始されています。

5Gの特徴やネットワークの整備方針については本文で詳述しますが、以上を踏まえて、5Gがなぜ今注目を集めているのか、その背景に触れておきたいと思います。

現在、我が国は地方の衰退と東京一極集中、少子高齢化と働き手の不足、産業の国際競争力向上の必要性など、さまざまな課題を抱えています。

私はこれまで、総務省や出向先で全国ブロードバンド展開や、ＩＣＴ（情報通信技術）を使った地域活性化などを担当し、仕事だけでも全国各地をくまなく訪問しましたが、人口減少・高齢化が進行する一方、平均賃金は20年以上横ばい、かつ地域間格差は拡大の傾向にあります。企業、医療・介護・建設、農林水産、交通・運輸、もの作りなどで慢性的な人手不足が見られ、中心市街地はシャッター通り化、育児や教育環境の整備もなかなか間に合わないといった状況に置かれている地域が確実に増えています。もちろん観光需要をつかんでインバウンドで賑わうなどの例外的な地域もありますが、今般の新型コロナウイルス流行で、観光だけでなくあらゆる経済活動が大きな打撃を受けてしまいました。これは、もともとあった人口減少・高齢化対策や産業再生といった地域課題の解決に、有事においても持続可能な事業活動の確立と強靭化という課題が付け加わったことを意味します。「ポスト・コロナ」の時代においては、テレワーク、遠隔医療、オンライン教育の早期本格導入などの課題がさらに重要性を増したことは間違いありません。

こうしたさまざまな課題の解決の鍵になるのが、５Ｇなのです。

もちろん、５Ｇは最先端の技術を使った革新的な情報通信ネットワークですが、ただ導入しただけでは特効薬にならないかもしれません。他方、上手く使いこなせば、これまでの常識を超えるような、産業活性化や地域課題解決のための利活用方法（ユースケース）が実現する可能性は極めて高いと言えます。

では、5Gをどのように使えば、どのような課題解決に効果が得られるのでしょうか。具体的なユースケースの開発については、すでに政府も2017年度から取り組んでいますし、また、5Gネットワークを整備し2020年春からサービスを開始した携帯通信事業者も、非常に積極的に自治体や企業などのさまざまなパートナーと連携して、次々とユースケースの開発や商用化を進めています。2019年12月には、「ローカル5G」という、誰でも5Gの免許を取得して柔軟なサービス提供ができる仕組みも用意され、5Gの普及展開に向けたさまざまな支援措置も講じられています。

大事なことは、5Gを何のために使うのか、どう使いこなすのかにかかっていると言っても過言ではありません。

本書では、まず第1章で、世界各国が5Gのエリア展開やサービス提供に関し鎬を削っている状況と、我が国が5Gに対して持つ強みや課題に触れつつ、我が国の5G展開の狙いや方向性について考えたいと思います。現在の5Gのエリア展開やサービス提供に関する世界的な競争の実態や、2030年の新しい日本社会をめざす5Gの機能や技術、その可能性について概括します。

1980年代に実用化された「携帯電話」は2020年で40年を迎えますが、実は今の4Gも、すでに単なる「電話」ではなく、無線通信とインターネット、コンピュータ、ソフトウェアが融合した技術でありサービスになっています（昔の黒電話とスマートフォンを比べてみてください）。5Gでは、この性能がさらに進化し、新たな機能も加わりました。このように、これまでの世代とは異なる一種「非連続な」性能を持つ5Gの基本的な機能や今後の技術的展望について解説しつつ、5Gとは何かという疑問に答えます。

第2章では、2019年4月の5G周波数割当ての狙いや割当て結果の概要について説明し、総務省の制度設計や政策の含意について、平易かつ詳細に読み解きます。これまで直接講演などで説明してきた内容も含まれますが、その総体について正確な理解を得るために政策的な狙いを解説するのは、本書が初めてではないかと思います。

第3章では、5G利活用の本質とともに、現在、我が国が直面している数々の経済社会上の諸問題について「静かなる有事」と「Society5・0」というキーワードを用いて、5Gを活用した新ビジネスの創出や地域課題の解決が、いかに深刻であるとともに必要なことかを解き明かします。

また、5Gと新しいICT分野の周辺技術や課題解決ツールが結びつき、地域にあるさまざまな「資源」を活かすことで、国と地域が抱える諸課題の解決にどのように役に立つかを、5Gへの完全移行やSociety5.0の実現が見込まれる、2030年の日本を一つの区切りとして視野に入れつつ、お話しします。

第4章では、第3章の流れを受けて、2030年までの5Gへの完全移行、Society5.0実現に向けて政府や携帯事業者が先導的に推進している5Gの利活用の動向について説明しつつ、今後10年間で早期の実現が期待される各種ユースケースのイメージを示します。5Gという新しいインフラの展開だけでなく、実際のユースケースが伴ってこそ「5G」が完成すること、そのために長い目で見た関係者の利活用への取り組みも必要なことを強調したいと思います。

第5章では、全国をカバーする大手携帯通信事業者とは別に、小さなエリア単位で誰でも手軽かつ柔軟に5Gサービスを提供できる新機軸である前述の「ローカル5G」の導入と、その意義やスマート工場などの代表的な利活用方法例、政府の支援等について紹介します。

最後の第6章では、今後とも続いていく技術革新とDX（デジタル・トランスフォーメーション：あらゆるモノ・コトのデジタルデータ化）の中で、「静かなる有事」において重要となる5Gの利活用ユースケースの開発・実装に向けた企業、自治体、大学等の研究教育機関、通信事業者、ベンチャー、地域団体、NPOなど「垂直セクター」と呼ばれる利活用分野の当事者、地域住民などの関係者が、どのように手を結び5Gと向き合うことで利活用が広がっていくのかについて考察します。また、2030年代の実用化が期待される5Gの次の携帯である「Beyond 5G」、いわゆる6Gを巡る動きについても紹介します。

この際、地域において自治体等が各種課題解決に果たす役割や、産業界に求められている役割などを提起した上で、5Gの利活用を含めた総力戦により、日本社会に蔓延する閉塞感を打破し、21世紀の地域をデザインすることが我が国の国力の源泉であり、また土台であること、5Gが「未来の扉」であり、羅針盤となりうる基盤であることを改めて強調し、Society 5.0の実現に向け取り組むべき事柄を示しつつ、本書を結びます。

本書は技術専門書ではなく、日本の5G政策を正確に紹介するとともに、5Gを用いたビジネスや地方創生への示唆、Beyond 5Gなど幅広い内容を論じています。その意味で、最初からお読みいただくのはもちろんのこと、読者の方の関心に応じて関係する各章を別個に読んでいただいても結構だと思います。他方で、特に第1章、第2章については、5Gの機能・特徴及び5Gの展開方針に関する基礎的な部分になりますので、ご精読をお薦めします。

我が国における2019年4月10日の5G用周波数割当ては、40年の歴史を持つ移動通信の一里塚であるとともに、これまでの携帯電話とは非連続な5G時代の幕開けを告げる号砲でもありました。

政府・総務省ではこの開始に向けてさまざまな施策を講じ、また今後とも必要な支援を講じていく予定ですが、この周波数割当て方針及びその関連施策については、さまざまな目的や観点を踏まえて策定されるため、ともすればわかりにくい複雑な構造になりがちです。とはいえ、皆様に誤解のないようわかりやすく説明する場を持つことは、政策広報の面でも必要不可欠なところであり、5G推進の一翼を担った者として、本書の執筆を通じて5Gを広く世の中に知らしめていくことは、自分の大切な責務だと改めて実感しています。

筆者が多くの講演などの場でいただいた、「話を聞いてよくわかったが、誰にでもわかる5G入門の手引きはないのか」との多くの声が、私が本書を執筆する大きな後押しになりました。本書を手にした方が、少しでも５Ｇの実態や我が国を取り巻く状況の厳しさに対する理解を深められ、新しい21世紀の未来を切り拓く可能性に気づいていただければ幸いです。

最後になりますが、総務省では、２０３０年頃において「５Ｇが実現する未来社会」を具体的にイメージできるよう、２種類のイメージ動画を制作し、ＹｏｕＴｕｂｅ上で公開しています。本文に進まれる前に、左記のＱＲコードからそのイメージ動画をご覧いただければ、本書の理解に大いに助けになることと思います。どうぞご視聴ください。

実写版

アニメ版

※なお、本書の内容は、筆者の個人的見解を含んでおり、必ずしも筆者の所属する総務省の意思を代表しているものとは限りません。

目次　決定版　5G――2030年への活用戦略

第3章 「静かなる有事」とSociety 5.0 103

第6章 持続可能な2030年の未来社会に向けて

第1章

5Gとは何か　携帯電話40年の集大成

本章では、まず5Gの導入に至る携帯電話・移動通信の沿革を明らかにしつつ、その基本的な性能や光ファイバや4G（第4世代移動通信システム）などの関連する技術やシステム、国際的なサービス動向、我が国における導入の狙いや世界での立ち位置などについて説明します。

1 世界で始まった5Gサービス合戦

◉5G狂想曲

今、5Gに、日本だけでなく、世界中が熱視線を送っています。

5Gとは、第5世代移動通信システム（the 5th Generation Mobile Communications System）のことで、簡単に言えば、現在皆さんが使っている携帯電話やスマートフォンの通信方式である4Gをさらに高度化した通信方式です。

5Gのサービス開始については、2018年後半から米国を含む一部の国々で動きが見られ、米国と韓国が2019年4月、初の商用サービス開始を巡って熾烈な先陣争いを演じたことをご存じの方も多いのではないでしょうか。

◉携帯電話は10年ごとに進化

5Gとは何かをお話しする前に、まず携帯電話（移動通信システム）の歴史をおさらいしてみましょう。

携帯電話はこれまで、おおむね10年ごとに新しい世代へと進化してきました。1980年代に登場した第1世代の携帯電話は、ショルダーフォン、自動車電話とも呼ばれ、約1・5～3kgもあるショルダーバッグのようなアナログ通信機に受話器のついた大きなもので、通話しかできませんでした。そうです、お笑いタレントの方が「しもしも？」と芸にしていたあの機械です。当時は高額で、これを持つことが1980年代のバブル期の一つのステータスでした。

1990年代になると、通信方式がデジタル化された第2世代（2G）が登場し、通話機もとても軽量になりました。2Gにはいくつかの通信規格がありますが、GSMと呼ばれる欧州の方式は、今でも一部の途上国でまだ普通に使われています。

2000年代になると、今度は電話だけでなく一定速度のデータ通信機能も実装され、静止画や写真を送ることができる「写メール」などが人気を博しました。2010年頃から実用化された4Gでは、データ伝送のスピードがさらに速くなり、静止画だけでなく動

図表1-1　移動通信システムの進化（第1世代〜第5世代）

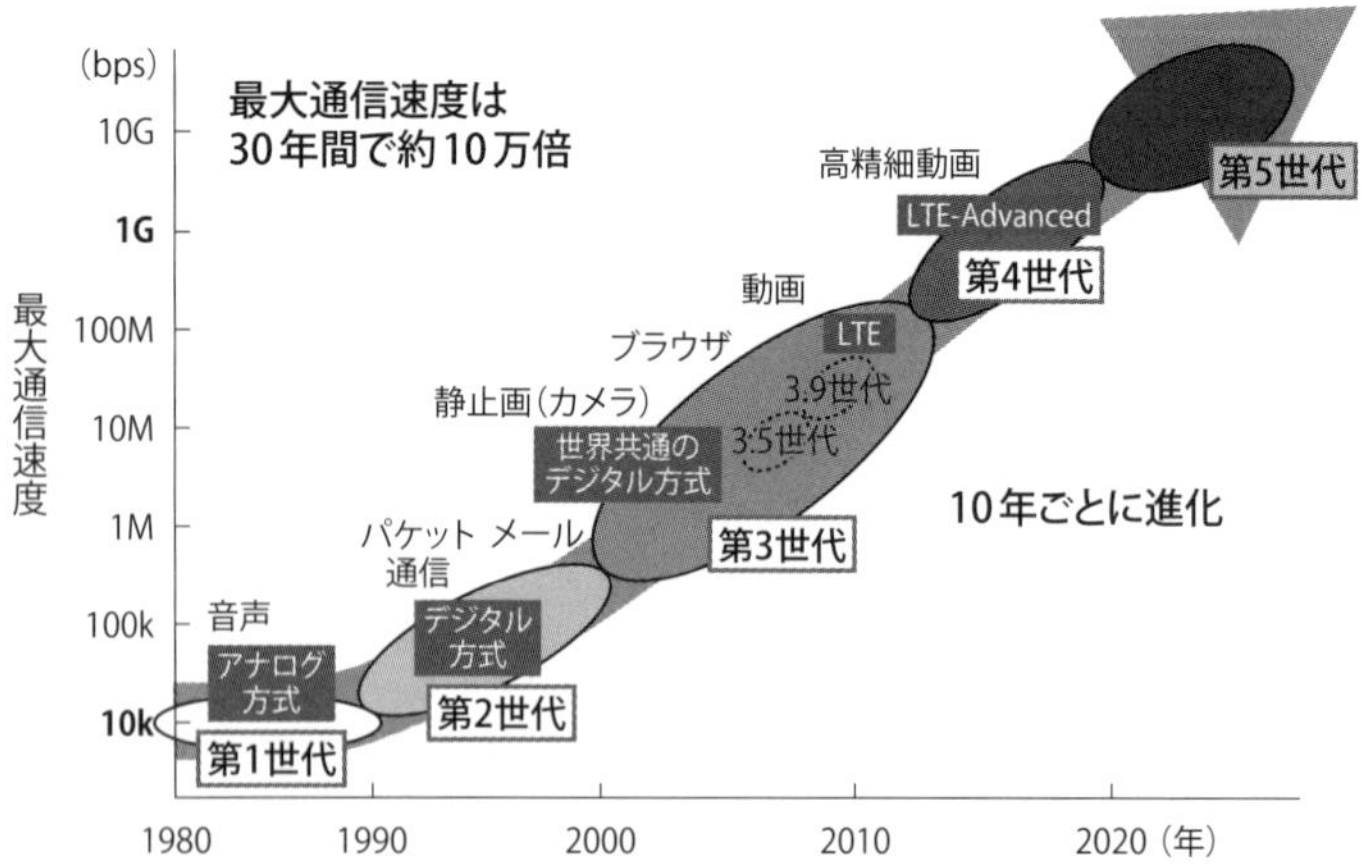

画の視聴や送受信も楽にできるようになりました。２００８年に発売されたアップル社のｉＰｈｏｎｅなどの「スマートフォン」の急速な広まりも、４Ｇの普及を後押ししました。

スマートフォン内に４Ｇの（利用料金のかかる「ギガ」「月額データ通信容量」を使わない）代替手段として搭載されている公衆無線ＬＡＮ（Ｗｉ-Ｆｉ）が、家庭や公衆施設、カフェなどに次々と設置されたことも、高速通信の利用を促進しました。こうして、４Ｇは現在、我が国で1億8000万以上の契約者がある、社会の重要な移動体通信ネットワークとなっています。

そうした流れを経て今、２０２０年を一つの区切りとして、各国が５Ｇの早期導入及びサービス開始に、国の威信をかけて取り組んでいるのです（図表1－1）。

◉米韓の5G先陣争いを読み解く

この5Gを世界で最初に商用サービスとして開始したのが、米国です。米国では2018年10月に大手ベライゾン社が、ロサンジェルスなど4地域で、「携帯電話」としてではなく、家庭への光ブロードバンドサービスの代替通信手段として、まずは「固定的な」5Gサービス（FWA：Fixed Wireless Access）を開始しました。

「固定的な」というのは、米国では一般に都市部を除き光ファイバ・ネットワークが十分に普及しておらず、光ファイバによる世帯用ブロードバンドサービスと同等以上のスピードで通信できる5Gを使って、各世帯に高速ブロードバンドサービスを提供したということで、いわゆる「携帯」、つまり移動通信（モバイル通信）ではありませんでした。

その後、移動しながらスマートフォン等が使える移動通信として5Gサービスを開始したのは、米国と韓国でした。米国では、2019年4月3日、ベライゾン社が、シカゴとミネアポリスの2都市の一部で、スマートフォンを使った5Gサービスを開始しました。

一方の韓国では、同じく4月3日、ソウル市でスマートフォンを使った5Gサービスが開始されました（韓国は米国より1時間早いと主張）。

この先陣争いは、両国ともとにかく「世界初の商用5Gサービス」の称号が欲しかったためで、サービス開始直前に開始タイミングの前倒し競争により、開始日・時刻が時々刻々と繰り上がって二転三転する事態が起こり、報道が過熱しました。

欧州（EU加盟国）ではスイスや英国が2019年5月から5Gサービスを順次開始したと報じられています。欧州の場合は、EU指令に基づき各国が共通方針の下で、2020年内を目標にサービスを展開することになっていますが、700MHz帯などの比較的低い周波数で、都市部などからスモールスタートでサービスローンチを考えている国が多いと聞いています（図表1-2）。

他方、日本では2019年4月10日に、4つの移動通信事業者であるNTTドコモ、KDDI及び沖縄セルラー、ソフトバンク、楽天モバイルの4社に5Gの周波数割当てが行われました。本格的な商用サービスは2020年3月末に相次いで開始されました。

このスケジュールだけを見ると、日本は先行の米国・韓国等に5Gの開始で大きく水を空けられたと思う方もいると思いますが、問題はそれほど単純ではありません。というのも、米国や韓国がまずめざしたのは、5Gの三つの機能の一つである、従来の4Gより約

100倍速いという「超高速・大容量」（eMBB：enhanced Mobile Broadband）のサービス提供だったからです。

超高速・大容量の5Gサービスが提供されれば、現在最大10Gbps程度という家庭用の光ブロードバンドと同等以上の超高速通信により、話題の4Kや8Kといった超高精細映像のやり取りが、スマートフォンなどの移動する携帯端末でもサクサク可能となるというメリットがあります。現在の地上デジタル放送（HD）が2Kですから、これは非常に画期的なことです。

また、4K・8K等の映像番組をインターネット等で配信するだけでなく、2019年9月のラグビーワールドカップスタジアムからの遠隔ライブ配信でお披露目された多視点映像視聴の5Gプレサービスのように、スポーツやイベント観戦、さらには防災、医療など多彩な局面での高精細映像の利用や、よりリアルなVR（仮想現実）やAR（拡張現実）といった映像の送受信なども期待されています。

もう一つ、通信速度が高速になると、都心の駅周辺などで生じる通信の混雑が解消されることが期待できます。携帯通信のデータ量（トラフィック）は、現在毎年1・2〜1・3倍程度の割合で増加していますが、通信速度が向上し、利用できる周波数帯が増えるこ

図表1-2　5G実現に向けた日・米・中・韓・欧の取組状況

	日本	米国	中国	韓国	欧州
周波数等	3.7、4.5GHz帯 28GHz帯	600MHz帯 2.5、3.5GHz帯 25、28、37、39GHz帯	2.5、3.5、4.8GHz帯 (26GHz帯は検討中)	3.5GHz帯 28GHz帯	700MHz帯 3.5GHz帯 26GHz帯
サービス開始時期	**2020年3月から本格展開**	2018年10月 (固定系ネット接続用) **2019年4月から本格展開** (スマートフォン)	**2019年11月から本格展開** (スマートフォン)	**2019年4月から本格展開** (スマートフォン) 28GHz帯は2020年後半から展開予定	**2019年5月のスイス、英国から、各国にて順次展開** 2020年中の全加盟国におけるサービス開始を目標
サービス形態や実証等	• 導入当初から移動系サービスを予定。 • 通信事業者や国がさまざまな分野の企業を交えて実証を実施中。 • 2019年7月よりソフトバンクが、9月よりNTTドコモ及びKDDIがプレサービスを提供開始。	• ベライゾンは2018年10月から固定系サービスを、2019年4月からスマホ向けサービスを開始。現在31都市で提供中。 • AT&Tは2018年12月、モバイルルータを提供、2019年6月に企業向けサービスを、12月に個人用スマホ向けサービスを開始。現在30都市で提供中。 • Sprintは2019年5月に開始し9都市で、また、T-Mobileは6月に開始し6都市で提供中。	• 中国移動、中国電信、中国聯通の3社は2019年11月から50都市でスマホ向けサービス開始。 • 国内外の事業者・ベンダーと政府、研究機関が北京郊外に広大な試験フィールドを構築。 • 中国電信、中国聯通の2社は、5Gネットワークの建設を地域ごとに分担し、共同で構築、保守を行う予定。	• SK Telecom、KT、LG U＋の3社は2019年4月からソウル全域を含む首都圏・6大広域市などでスマホ向けサービス開始。 • KTは5G専用コンテンツとしてゲーム、動画を提供。 • 3社の5G加入者は約430万人。(2019年11月末現在)	• スイスコムは2019年5月から欧州初となる5Gスマホ向けサービスを開始。 • 英国はEEが5月より、Vodafoneが7月より、O2が10月よりスマホ向けサービスを提供。 • 各国のサービス開始状況は以下のとおり。 5月：スイス、英国 6月：イタリア、スペイン、ルーマニア 7月：ドイツ、フィンランド、モナコ 8月：アイルランド 9月：オーストリア 10月：ハンガリー

(出所) 2020年1月21日、総務省調べ

とで、より多くのデータやユーザを余裕を持って収容できるようになります。つまり、5Gが導入されることで、通信品質も改善されるわけです。

ですが、5Gの特徴をフルに活かすには、実はこれだけではまだ十分とは言えません。

◉超高速通信だけでない5G

5Gでは、今述べたようなこれまでの40年の「携帯」の歴史が追求してきた「超高速化・大容量化」以外に、社会的インパクトが大きいと考えられる二つの大きな新しい特徴があります（図表1-3）。

一つは、「超低遅延」（URLLC：Ultra-Reliable and Low Latency Communications）という機能です。言葉だけだと少し難しそうに見えますが、これは通信を行う相手同士の間の通信の遅延、タイムラグが、人間の感覚では知覚できない1000分の1秒程度であるという性能のことです。リアルタイム性と言ってもよいと思いますが、これが実現することで、タイムラグのない遠隔通信を必要とするさまざまな活動が可能となります。

たとえば、ゲーム分野。現在、離れた場所間で同時に何人かのグループ同士がネット上で一つのゲームの成績を競う「eスポーツ」が世界的にも盛んになっていますが、5Gの

図表1-3　5Gの主要性能

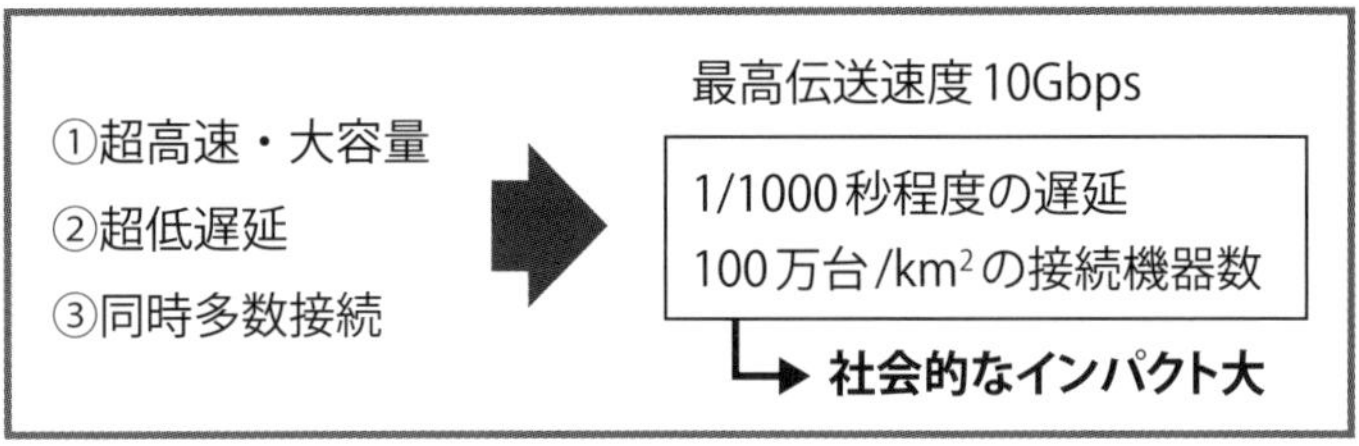

導入により、より一層遅延のないリアルタイムのゲーム対戦が可能になると大いに期待されています。

あるいは、自動運転分野。現在、新しい車の多くには衝突防止機能が装着されています。これは、自動車に搭載されたレーダーが障害物を検知し、車載コンピュータが瞬時に衝突防止のためブレーキ発動などの指令を出すものです。今はまだ、自動車と通行人や障害物、他の自動車との間だけの通信ですが、5Gの超低遅延機能が実装されれば、今度は信号機などと自動車の間（路車間）といった通信がリアルタイムで可能となり、コンマ数秒の差が事故につながる自動車運転分野で、タイムラグのない安全な自動運転の実現に大きく貢献することになります。

また、遠くにある人との通信に加え、モノをリアルタイムで操作できるようになり、たとえば建機の遠隔操縦、精度の高い遠隔診療、多機能ロボットの遠隔操縦といったさまざまな活動に広く活用されることが想定されます。この中には、すでに実際に商用化できる水準まで達している事例もあります。

二つ目は、「同時多数接続」または「同時多端末接続」（ｍＭＴＣ：massive Machine Type Communication）という機能です。これは４Ｇに比べて非常に多数のセンサーや端末機器を同時に接続した通信が可能になるというもので、少し前までのＭ２Ｍ（Machine to Machine Communications、機器間通信）、最近ではＩｏＴ（Internet of Things、モノのインターネット）と呼ばれる、あらゆるモノがセンサーなどを通じてインターネットにつながり、通信するサービスに適した機能です。

５Ｇでは、この接続数が非常に多数になり、１㎢当たり１０００万台（個）の各種センサーや端末機器が同時につながる、もっとわかりやすく言えば、１家庭当たり４Ｇでは数個〜十数個程度接続可能だったものが、５Ｇでは数百程度のセンサーや端末機器が接続できるということになります。

もちろん、ＩｏＴ自体は４Ｇや３Ｇ、Ｗｉ－Ｆｉや、すでにある一般的なセンサーネットワークであるＬＰＷＡ（Low Power Wide Area：Ｓｉｇｆｏｘ、ＬｏＲａ、Ｗｉ－ＳＵＮなど低電力・小容量のセンサーネットワークに適した通信方式）でも実現できますが、分野を問わず非常に多くのセンサー類をある場所に集中的に設置する必要がある場合や、通信容量の多いＩｏＴの場合には、５Ｇの出番となります。

この同時多数接続により、非常に多彩かつ多数のデータ情報を集めて、これをＡＩ（人工知能）などで解析・分析することにより、社会のさまざまな分野において、効果的・効率的な地域課題解決や、新しいビジネスや付加価値の創造につながることが期待されます。ＩｏＴによるデータ収集とＡＩによるデータ分析は非常に相性がよく、ＡＩｏＴ（ＡＩ×ＩｏＴ）と呼ばれることもあります。

◉日本は何をめざすのか

これまで述べてきたように、**5Gは、①超高速・大容量、②超低遅延、③同時多数接続の三つの大きな性能を有しています。**

我が国としては、後の第3章及び第4章で述べるように、超高速・大容量通信による高精細映像や大容量データの伝送だけでなく、これらの新たな特長をすべて活かして、地方創生や産業の競争力強化などを図っていく方針です。このため、政府としてもさまざまな研究開発や5Gに適した利活用方法（ユースケース）を開発する総合実証などさまざまな

図表1-4　2030年頃の社会のイメージ

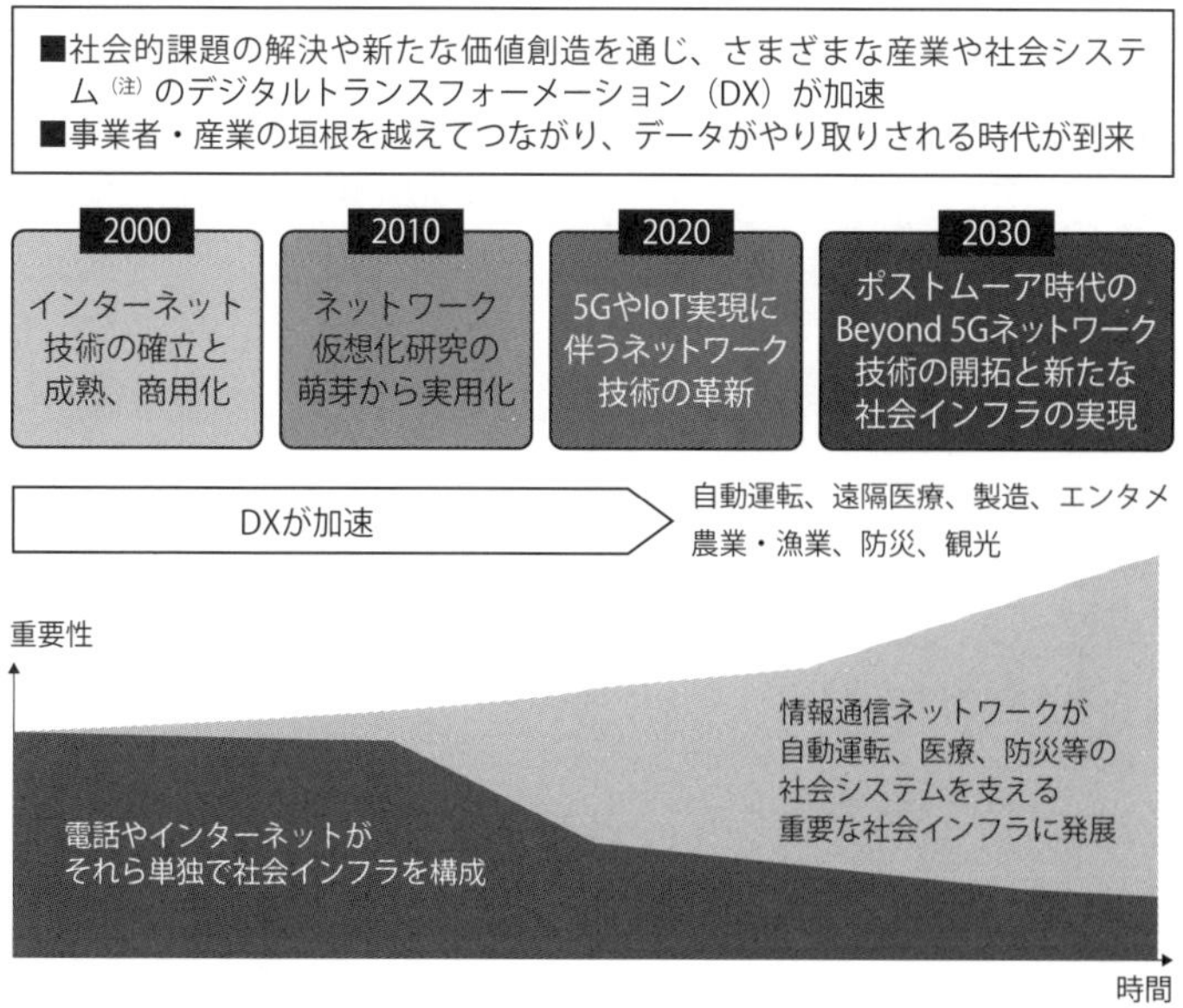
■社会的課題の解決や新たな価値創造を通じ、さまざまな産業や社会システム(注)のデジタルトランスフォーメーション（DX）が加速
■事業者・産業の垣根を越えてつながり、データがやり取りされる時代が到来
2000
インターネット技術の確立と成熟、商用化
2010
ネットワーク仮想化研究の萌芽から実用化
2020
5GやIoT実現に伴うネットワーク技術の革新
2030
ポストムーア時代のBeyond 5Gネットワーク技術の開拓と新たな社会インフラの実現
DXが加速
自動運転、遠隔医療、製造、エンタメ
農業・漁業、防災、観光
重要性
情報通信ネットワークが自動運転、医療、防災等の社会システムを支える重要な社会インフラに発展
電話やインターネットがそれら単独で社会インフラを構成
時間

（注）運輸、農業・漁業、医療、防災、製造、観光、エンターテインメント等
（出所）日本電信電話（株）資料

取り組みを進めつつ、5Gの周波数割当てを行ってきました。また、各携帯通信事業者においても、さまざまな企業や自治体などパートナーとの連携等を通じて、多彩な分野におけるユースケースの開発が進んできています。

端的に言えば、**２０３０年頃までの今後10年をかけて、単なる情報通信基盤を超えて、「社会基盤」としての5Gの多彩な能力を最大限発揮した日本の再生・**

創生こそが、日本の5Gのめざすゴールだと言えます（図表1－4）。

ちなみに欧州でも、製造業でのＩＣＴ（情報通信技術）利活用による競争力強化を中核的な目標と考え、「Ｉｎｄｕｓｔｒｙ４・０」を提唱しているドイツをはじめ、日本同様、5Gの経済社会分野への効果的な実装を重視しており、5Gの重点分野として自動車、工場・製造、医療・健康、メディアの各分野を特定し、5Gの利活用に関するさまざまな研究開発や実証試験等を実施しています。我が国と同様のアプローチと言えるでしょう。

2　5Gは「携帯電話」ではない!?

◉5Gの三つの機能

これまで述べてきたように、5Gは三つの大きな性能を有しています。

①超高速・大容量（ｅＭＢＢ）
②超低遅延（ＵＲＬＬＣ）
③同時多数（多端末）接続（ｍＭＴＣ）

このように、従来の4Gまでの移動通信とは違う特性を併せ持ち、特に②③についてはある種「非連続な」進化を遂げた5Gですが、さらに言えば、以上三つの特性のいずれかを組み合わせて使うことで、社会課題解決への効果的な利活用が可能となります。

たとえば、建設・土木業界の人手不足に対応するため、重機・建機の遠隔操作を5Gで行う取り組みがありますが、これには、操縦場所からリアルタイムで重機・建機に指令を伝えるという「超低遅延性」のほかに、遠く離れた作業現場の状況を「超高速・大容量」の高精細映像で確認する機能も不可欠になります。

スマート農業では、「同時多数接続」の機能を活かして田畑や作物自体に水位、温度、湿度、土壌環境などを自動的に計測する非常に多数のセンサーを設置するIoTネットワークを用いて情報を収集、同時にドローンなどに搭載した5G対応カメラから撮影した高精細画像を「超高速・大容量」で送信することができます。両者をAIで解析すれば、作物の生育状況や病虫害の発生状況を常時把握・監視し、正確かつタイムリーに給水や施肥、農薬散布を行うといった効率的な農業が可能になります。

このように、単体の機能だけでなく、5Gの複数の機能を組み合わせて利用することにより、大きな相乗効果を発揮できるのも、5Gのメリットです。

◉インターネットとコンピューティングの重要性

このような多彩な機能を持つ5Gですが、通信方式だけではなく、実はインターネットとコンピューティング（情報処理）がそこで非常に重要な役割を果たしています。

話は少し飛びますが、2019年は、米国のアポロ11号が最初に有人月面着陸をしてから50周年に当たります。この時、NASAがロケットや宇宙船の管制・制御に使っていたIBMの大型コンピュータの情報処理能力は、任天堂のファミコンのほぼ2台分と言われています。また、少し前のスマートフォン（Galaxy S6）はソニーのゲーム機（PlayStation 2s）5台分の能力を持っています。つまり、現在の手のひらサイズのスマートフォン1台の情報処理能力は、アポロ計画に使われた大型コンピュータの2・5倍から3倍以上を有していることになります。また、最大約10Gbpsの超高速・大容量のデータをやり取りするためには、端末上にこれまでとは桁違いの大容量メモリーを搭載することが必要になります。

ICT分野の技術進歩の速さには驚くばかりですが、5G時代には、現在以上の能力を持つスマートフォンなどの端末機器が開発されているところです。ちなみに、コンピューティングの重要性の高まりは、とりもなおさずソフトウェアの重要性の高まりと同義です。

通信と情報処理は一見技術的に隔たりがあるように見えますが、今後は通信端末機器だけでなく、通信ネットワーク（センター設備、基地局設備等）自体もソフトウェアによる仮想化（バーチャライゼーション）が進み、大まかに言えばハードウェアは汎用のサーバ機器を使用、制御や機能追加、セキュリティ設定等はソフトウェアで実施という役割分担の時代が到来しつつあるのです。5Gもこの例外ではありません（第6章第2節もご参照ください）。

インターネットについては、単なる情報検索やWebデータのダウンロードを行うだけでなく、今後はデータやこれを処理するサーバ機能がより一層現実空間（物理的空間）からインターネット（サイバー空間）側に移行し、インターネット越しに多彩かつ大量のデータが各人との間で処理される傾向が顕著になります（サイバー空間と物理的空間の融合）。すでにスマートフォンやPCでも、さまざまなクラウドネットワークに情報を蓄積し、その都度データを出し入れすることが一般的になっていますが、今後社会のIoT化、つまりあらゆるモノがインターネットにつながる時代において、インターネットの役割はより大きなものになると想定されています。

前節で述べたAIoTのように、現実空間のあらゆる分野・局面で集めた非常に多種多様かつ膨大なデータ（ビッグデータ）が、インターネット上のサイバー空間に集められるだけでなく、これをＡＩ等で自動的に解析した結果が現実空間である我々の経済社会活動に還元されて、人手不足解消や生産性の向上などの付加価値獲得につながる、そうした循環を想像してみてください。サイバー空間と実社会（現実空間）のこうした融合を体現する仕組み（ＣＰＳ：Cyber-Physical Systems）が、経済社会活動向上や地方創生の切り札として、いよいよ現実のものとして始まり、社会への導入が加速化しているのです。この点については、「Ｓｏｃｉｅｔｙ５・０」に関わる話として、第3章で詳しくお話しします。

◉誰がための5Gサービス？

このような５Ｇの新規性・特殊性を考えれば、５Ｇネットワークが本格的に広がった時代には、これまでの４Ｇでは想定されなかった新たなサービスやビジネスモデルが登場してくることでしょう。

もう少し具体的に言えば、超高速・大容量、超低遅延、同時多数接続の三つの特徴は、これまでの携帯事業者から一般利用者・消費者に対し直接提供される電話やデータ通信サービスだけでなく、企業向けのサービス（Ｂ２Ｂ：Ｂ to Ｂ）や、他企業等と連携して最終的に利用者に提供されるサービス（B2B2C：B to B to C）といったものにシフトしていくことが想定されるということです。

もちろん、5Gのサービスがこれまでの携帯電話の延長として、一般利用者・消費者に提供されること（B2C）は間違いありません。他方、5Gの特性を余すところなく発揮しようとすれば、B2BやB2B2Cという方向に新たなサービス提供分野が増えることとなり、携帯事業者のビジネス領域も拡大すると同時に、これらの新しい分野において地域や企業、住民などさまざまな関係者が新たなサービスの恩恵を受ける機会も増える、という好循環につながっていくと言えるでしょう。

5Gはしばしば「高速道路や新幹線に比肩する、21世紀の新しい基幹インフラ」と表現されています。それはこうした好循環を作り出す原動力となるポテンシャル（潜在能力）を備えているからにほかなりません。

◉5Gの端末はスマホではない!?

以上見てきたように、5Gは一般利用者向けの携帯通信サービス以外の産業利用や地域課題解決にも広範に用いられることから、利用端末もいわゆる「ガラケー」やスマートフォン以外の機器になる場合も少なくないと思われます。

たとえば、ゲームやスポーツ観戦などで高精細映像を視聴するのに、スマートフォン端末の画面が相応しいかといった視点もあるでしょう。ゲームなどで盛んなVR映像を視聴する場合には、VR用ゴーグルなどの機器が、また同時多端末接続（または同時多数接続）の機能を活かしてIoTを利用する場合には、多数のセンサー類を集約する機器（ゲートウェイ）が5G通信の相手となるでしょう。また、非常に高度な技術を要しますが、5Gの受信機能を持ち、目に直接映像等を映し出せるコンタクトレンズ型のディスプレイなども、米DARPAなどで開発されているようです。

このように5G時代にはB2C（Business to Consumer：消費者向けビジネス／サービス）やB2B2C（Business to Business to Consumer：企業間連携による消費者へのビジネス／サービス）などの利用形態やユースケースに応じて、5G通信ユニットを搭載したさまざまな機器が端末となる可能性があります。

現在のところ、諸外国においても、一般消費者への5Gサービス提供を念頭に、まずスマートフォン端末が開発・販売されていますが、今後5Gの端末がどのように多様化していくのか、注視したいところです。

◉やがて加わる新機能（エッジ・コンピューティング、ネットワーク・スライシング）

5Gの機能や技術については、現在引き続き国際的な標準化調整が行われており、今後加わる予定の新しい二つの機能があります。それが、エッジ・コンピューティング（MEC：Mobile Edge Computing）とネットワーク・スライシングです（図表1-5）。

エッジ・コンピューティングは、これまでの携帯通信において端末とネットワーク制御を行うセンター設備（コアネットワーク設備）やその先にあるインターネット上のクラウドサーバとの間で行っていたデータ処理を、端末側により近い基地局設備などの近傍で行うことです。携帯事業者がコアネットワーク設備とは別に基地局近傍など、よりユーザに近い場所にMEC用のサーバを設置し、端末とMEC拠点との間で直接データを処理して、すぐにレスポンスが端末に返ってくるかたちになります。

たとえるなら、人間の末端神経からの信号伝達が脳を経由しないで返ってくる脊髄反射のようなものです。違いは、エッジ・コンピューティングの場合は、脊髄反射とは異なり、コアネットワーク設備上で行われる場合と同様の複雑なデータ処理も、MECを介してより迅速に行えることです。これにより、さらなる超低遅延の通信が可能となります。

もちろん、エッジ・コンピューティングを使わなくとも、5Gの基本的性能として超低

図表1-5　5Gの新しい機能

■**ネットワーク・スライシング**技術をコアネットワーク設備や無線アクセスネットワーク部分（RAN）に導入することで、5G の要求条件や異なる要件を持つサービスに柔軟に対応し、サービスごとに最適なネットワークを**専用線的に提供**
■クラウドサーバ等のコアネットワーク設備をユーザの近くに配置する**エッジ・コンピューティング**（**MEC**）の導入により、**エンド to エンドで超低遅延を実現**

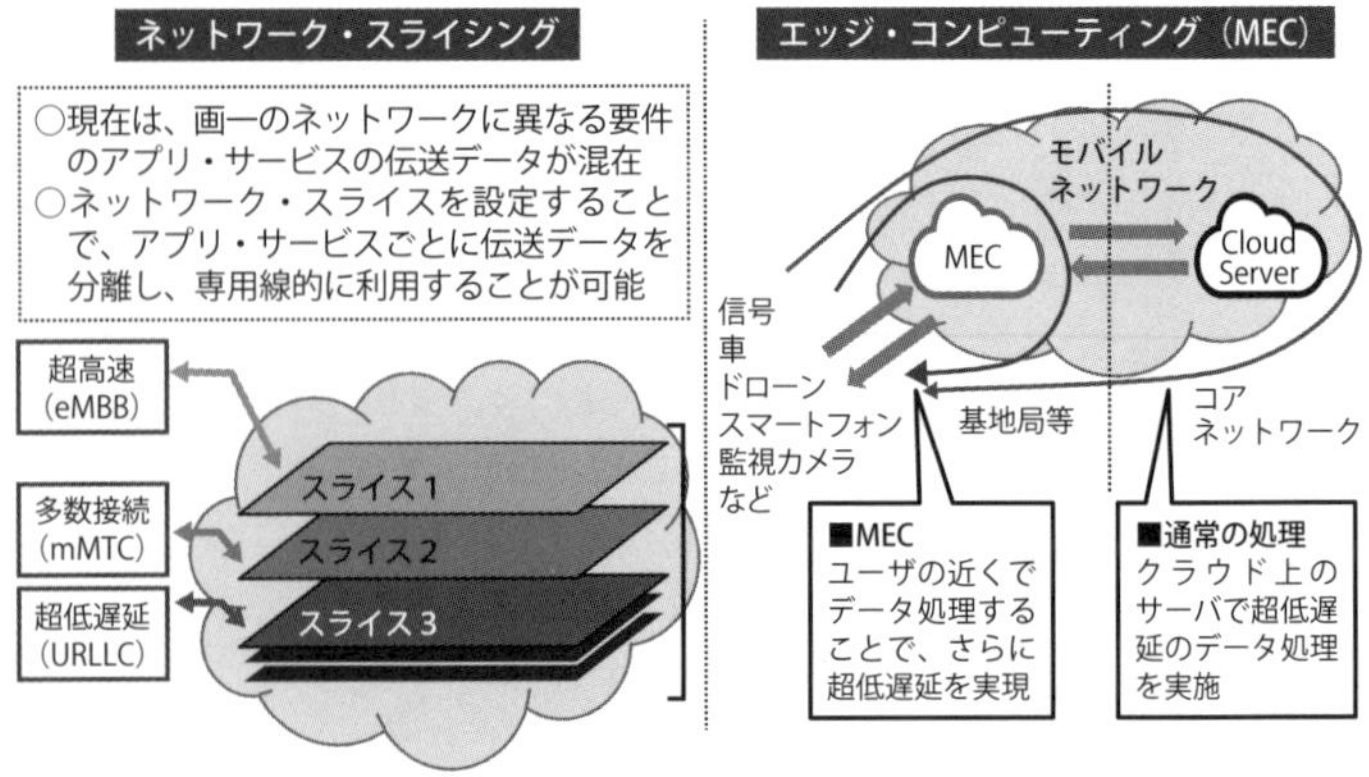

遅延機能は実現できるのですが、携帯端末と電波で通信する基地局からより近い場所に、比較的遠くにあるコアネットワーク設備に代わりデータ処理を行うMEC拠点を置くことで、ミリ秒単位の遅延の改善が見込まれるということです。

エッジ・コンピューティングが真価を発揮するのは、5Gの基本性能より遥かに超低遅延、実効で1000分の1秒レベルの低遅延が求められる自動運転などのモビリティ（移動手段）分野での活用や、さまざまな機器等の遠隔操作、テレワーク、遠隔手術支援、遠隔地間のオンライン対戦ゲームなどにおける5G利用の場合になるでしょう。詳しくは、第3章と第4章で解説します。

ネットワーク・スライシングを簡単に言えば、無線通信区間をまるで帯域分割しているかのように、電波の一部を専用線的に利用できるようになる仮想化技術のことです。これまで光ファイバなどの固定ネットワーク上ではこうした帯域分割や信号の多重化により仮想的に「専用線的な」通信ができていましたが、5Gではその大容量を活かし、無線通信区間においてもまるでネットワークを薄切り（スライシング）しているかのように通信し、専用線的に利用できる技術が導入されることになります。

いずれの技術についても、2020年4月現在、我が国の5Gを推進する産学官団体5GMF（5G Mobile Forum）等の関係者が参加する民間の国際標準化団体である3GPP（3rd Generation Partnership Project：3G以降の携帯通信の仕様の検討・策定を行う標準化プロジェクト）で技術的な仕様（リリース16）の詳細を最終的に策定している最中で、2020年後半以降に5Gネットワークに実装されることが期待されています。

3　日本の5Gは後れているのか

◉5Gサービス展開をどのように評価するか

ここまで、5Gの基本的な性能と、5Gの各性能をフルに活用して社会や地域・地方の再生を図っていくことが我が国の目標であることを述べてきました。

他方、すでに5Gサービスを開始している米国、韓国、中国などでは、5Gの三つの性能のうち、基本的にまず、超高速・大容量の通信の展開に重点を置いています。程度問題かもしれませんが、これは主として、4Gまでの通信の高速化の延長として、5Gを捉えていると言えるでしょう。

これに対して我が国では、第1節の最後に述べたように、なるべく早期に5Gの三つの機能をフルに活用して、産業競争力の強化や地域課題解決に資するように、産学官がそれぞれ多彩な経済社会面でのユースケース開発に取り組んできました（詳しくは第4章を参照）。このようなユースケースの開発は、海外からも大きな注目を集めています。

5Gの真価は、世界で最初にスタートしたかどうかや超高速サービスがどれだけ提供されたかよりも、どれだけ「早期に」「広範な地域で」「有効に」活用されたかによって決まります。日本はサービス開始時期という点では世界一ではありませんが、そうした意味では世界の先頭を走っている国の一つに数えられ、現時点で世界で最も重層的かつ総合的な取り組みが行われていると言えるでしょう。サービスエリアについても、現在はまだ限定的です。2021年春までの全都道府県でのサービス開始の頃には、事業者間のエリア拡大競争とも相まって広範な地域で5Gサービスが提供される見込みです。

日本で2020年3月に本格的な商用サービスが始まり、2024年3月までに全国で5G基盤が整備され、5G利活用も同時進行で進められた暁には、5Gの社会的応用の面で他国よりも優位に立つことが予想されます。

◉影の主役、光ファイバ網

5Gの展開にとって最も重要となる点の一つは、光ファイバ・ネットワークの整備状況です。

無線通信とはいっても、それは光ファイバ網が電波を発射するそれぞれの基地局とセンター設備（コア設備）がつながって初めて、広域展開やサービス提供が可能となります。

この基地局とコア設備を結ぶ光ファイバ網を、光バックボーン・ネットワークといいます。5Gは最大約10Mbpsの高速通信が可能な性能を有するので、これを実現するためには、この速度以上の高速大容量の光ファイバ・ネットワークが携帯基地局にまで整備され、開通されることが必要です。

我が国では長年、NTT東西、電力系通信事業者、ケーブルテレビ、自治体などが光ファイバ網の整備に力を入れてきたこともあり、2020年3月末時点で全国98・8％の世帯が家庭用の光ブロードバンドサービスの提供を受けられる状況ですが、欧米など他国では、実は光ファイバ網整備は、都市部以外であまり進んでいません。もちろん、家庭用の光ファイバ網をそのまま5Gのバックボーン・ネットワークに活用できる保証はありませんが、98・8％の世帯が家庭用の光ブロードバンド網につながっているのは世界的に見ても画期的なことで、一部の離島や中山間地域、非居住地等を除けば、全国的に5Gのバックボーンに使える相当量の光ファイバ網が敷設されていることを示しています。

また、携帯用など事業用の光ファイバ網についても、多くの自治体等が独自に光ファイバ網（ダークファイバ）を持っており、これを事業者が借用することで5Gに利用できる可能性があるなど、非常に恵まれた状況にあります。

とはいえ、5G用の大容量光ファイバ網はさらなる整備が必要であることから、総務省でも2019年度予算で52億5000万円、2020年度予算でも52億7000万円の5G用等の光ファイバ整備用の「高度無線環境整備推進事業」の補助金を用意したところです。

なお、光ファイバ網の敷設が困難な深山間部や本土から遠く離れた離島などの地域では、衛星通信などの代替手段が用いられることになります。また、災害時などに基地局が停止した場合にも、衛星通信を光ファイバの代わりに使うことで通信が可能となります。通信衛星は高々度にあるため多少の通信遅延が生じますが、次善の手段としての役割が期待されます。

◉10年続く4Gとの共存

5Gの展開には、実は4Gの存在が大きな役割を果たします。意外かもしれませんが、実は5Gネットワークは、これまでの国際調整の結果、いきなり4Gが5Gに切り替わるのではなく、当面4Gネットワークと連携する形で緩やかに5Gへの移行が進んでいくノンスタンド・アローン（NSA：Non Stand Alone）という方法で整備されます。これには、

4Gを提供する携帯事業者が既存の4Gネットワークを有効利用しつつ、徐々に設備のアップグレードを行っていけるというメリットがあります。

言い換えれば、5Gネットワークは、2030年頃までコアネットワーク設備など一部4Gの設備を利用し、4Gと併存しながら徐々に広がっていく、そして最終的にすべての4Gネットワークが5Gに置き換わるという形で整備が進んでいきます（図表1-6）。このため、現在4Gでカバーされている地域の範囲が広ければ広いほど、5Gの広範なエリア展開にとって有利になります。

現在、主要国の中で、ルーラル地域と呼ばれる地方部を含めて4Gサービスが全国で限なく利用可能な国は、日本、シンガポール、韓国、北欧など一部の国や地域に限られます。欧米などの主要各国においても、一般に光ファイバ網の整備が都市部以外にはあまり進んでおらず、4Gのエリアカバーのボトルネックになっています。特にルーラル地域では、4Gの普及が大きな課題となっており、5Gのネットワーク整備の面でも一定の課題を有しています。

この点、我が国では、99・99％の人口・世帯で4Gが利用可能となっており、多くの欧米諸国等に比して、5Gネットワーク整備のベースとなる4Gの面的カバーの面で優位に

図表1-6　4Gから5Gへの移行・共存イメージ

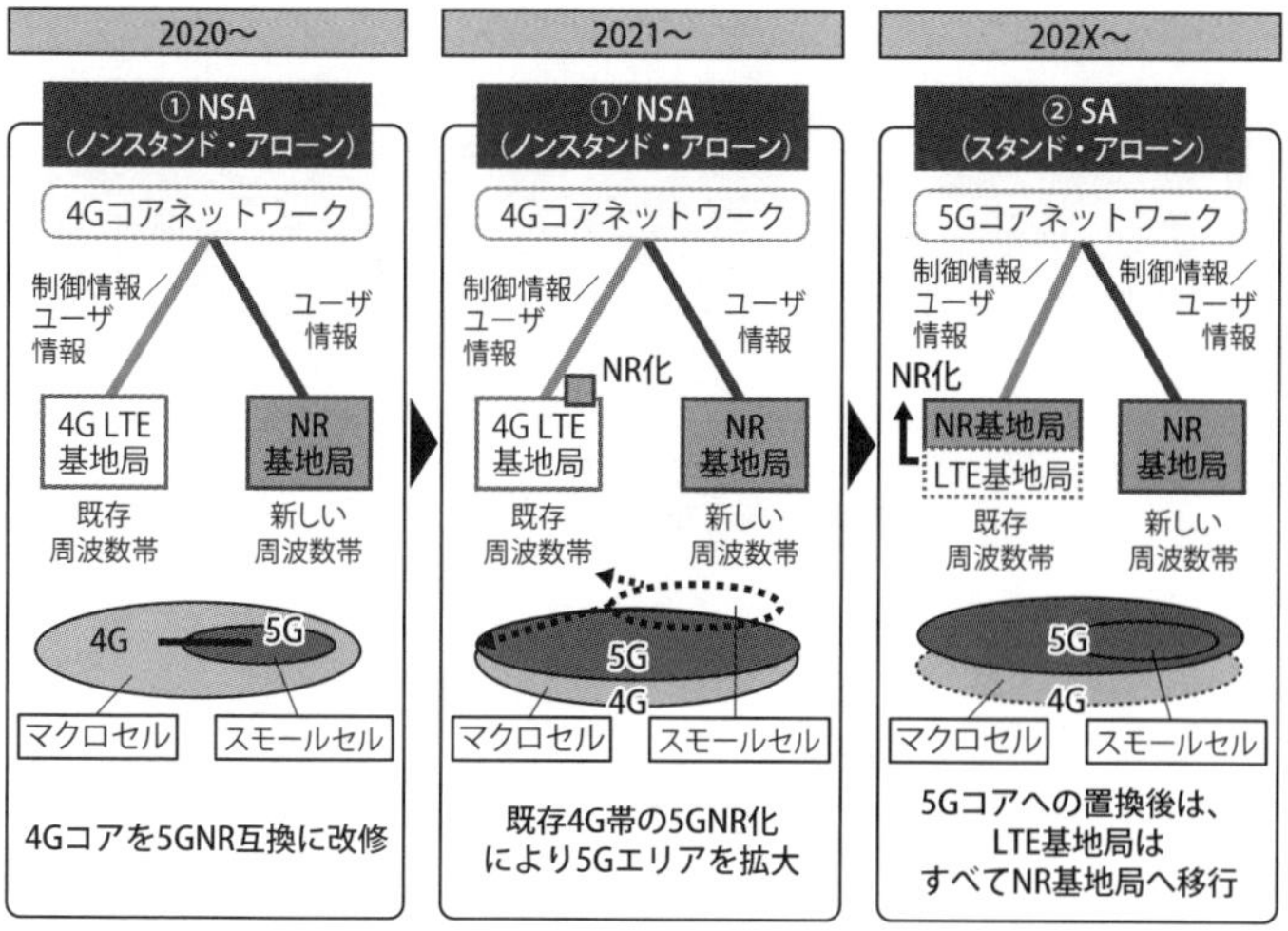

（注）NR（New Radio）：5G用の「新しい無線」という意味

立っていると言えるでしょう。

２０３０年頃までには４Gから５Gへの移行は完了すると見込まれています。今後はその使い道、「いかに効果的に、効率的に５Gを使いこなしていくか」がテーマになります。超高速・大容量の通信だけでなく、超低遅延、超多数の端末同時接続（同時多数接続）の機能についても、この有効な利活用方法を開発・実用化し、「５Gを使い倒していく」ことが、宝の持ち腐れにしないために重要です。

以上、５Gの特徴と、その展開に関する我が国の現状やスタンスをお

図表1-7　5Gの推進・展開に向けた取り組み

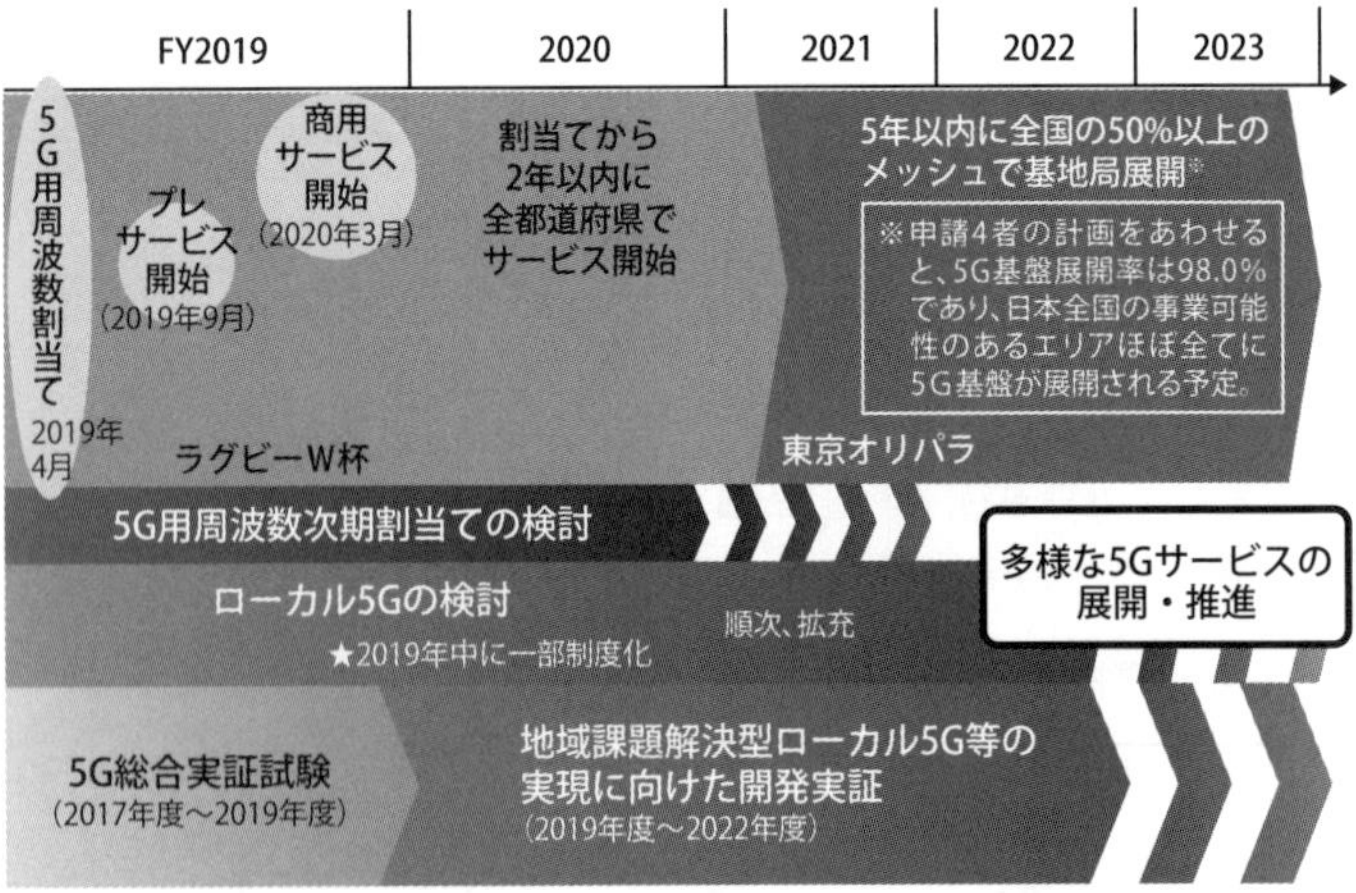

話ししました。現状では日本にとっては明るい材料も多いですが、ネットワークの面的整備はもちろん、後の章で述べるように、5Gの利活用や社会実装、MECなど新たな機能の導入などについても、機器ベンダーや携帯事業者、ユーザ企業、自治体などの関係者の創意工夫が欠かせません。総務省としても、次章以降で見ていくように、5G用の周波数割当て、5Gの普及展開に向けた研究開発・実証試験、国際連携・国際標準化の推進など、引き続き広範な施策に取り組んでいきます（図表1-7）。

コラム

ケータイと電波ことはじめ

携帯電話、移動通信の契約数は、2019年6月末現在、約1億8000万に達しています。これは人口比で一人1・5台の携帯端末を利用している計算で、このうち第4世代携帯電話（4G LTE）が約1億4000万契約となっています（残りは3Gなど）。

このように、電波を利用した移動通信は、今や生活に不可欠なネットワークとなっていますが、携帯電話や放送だけではなく、Wi-Fi、PASMOや電子タグなどの非接触ICカードやETC等、電波を利用した多くの機器が生活に浸透しています。今後もIoTセンサーネットワーク機器、ワイヤレスでの給電機器等、新たな機器の普及が見込まれています。

これほど使われている半面、電波の基本的な性質や利用方法はやや専門的なだけに、あまり知られていないかもしれません。

電波利用の黎明期

電波の通信利用に先鞭をつけたのは、ドイツのハインリッヒ・ヘルツです。電波の振幅数の多寡を示す周波数をHz（ヘルツ）という単位で表しますが、これは一般にもよく知られています。

ヘルツはマックスウェルの電磁気理論を発展させ、1888年、それまでエーテル波とも呼ばれていた電波が電磁波（電界と磁界が相互に影響しつつ空間を伝わる光速の波）であり、電磁波を発信し、検出することが可能なことを示しました。

その後、ボローニャ大学に学んだイタリア人のグリエルモ・マルコーニが先人の研究を受け継ぎ、電線を使わずに電信のメッセージ（モールス信号）を遠隔地に伝送することを目標として実験を行いました。その結果、マルコーニは、当時さまざまな研究者が近距離の無線通信しか達成できなかった中で、屋外での1・5kmの無線通信を行うシステムを確立しました。

マルコーニはその後、現在では携帯電話にも使われている1GHzの周波数の伝播距離をパラボラアンテナ等を使って着実に伸ばし、また英国・イタリア・米国などの拠点で数々の公開実験を実施、1900年にマルコーニ国際海洋通信会社を創設して、商用電報サービスを開始するに至りました。1909年には、無線電信分野での功績によりノーベル物理学賞を受賞しています。

ショルダーフォンからケータイまで

電波を使って公衆電気通信を行う事業者はこのようにして登場したわけですが、トランシーバーやアマチュア無線、MCAなどの時代を経て、ショルダーフォンと呼ばれる端末の時代が来ました。ショルダーフォンは移動しながら公衆間で通話できる端末で、我が国でも基地局を整備して利用できるようになるまで、約80年の歳月を要しました。これは、メタルケーブル等を使った安定的な固定電話や衛星通信などの固定通信が、長きにわたり公衆通信に使われたことに加えて、移動体用アンテナ、小型の伝送装置、電波の変復調、基地局による移動する無線局の制御技術など、さまざまな要素技術の確立が必要だったことによります。

しかし一旦携帯電話が確立すると、端末機器の小型軽量化・高機能化が進み、それがまた利用者を増やすという好循環が生じ、それまでのポケベル(ページャー）に代わり、ＰＨＳを含む「ケータイ」は爆発的な普及を見せました。携帯利用者は、１Gから４Gに至る40年間で、１９９５年末の約２０００万契約から15年で9倍余りに達しました。

電波の基本的な性質

電波は、振幅する電磁波の波ですが、１秒当たりの波の振幅数の違いによって性質が異なってきます。この１秒当たりの電磁波の振幅数を周波数と言い、一振幅が１Hzと定義されます。

電波法では、光の領域に近い３００万MHz（３THz：３テラヘルツ＝３兆ヘルツ）以下の周波数を持つ電波を規制の対象としています（光も３THzより高い電磁波）。なお、３THz以上の電磁波は、赤外線↓可視光線↓紫外線↓X線↓γ線となっていきます。

では、周波数の違いによって、電波はどのように性質が異なってくるのでしょうか。これには、大きく三つの特徴があります（図表１－８）。

①低い周波数ほど遠くまで到達する一方、高い周波数ほど直進性が強く、降雨

図表1−8　電波の特性と利用形態

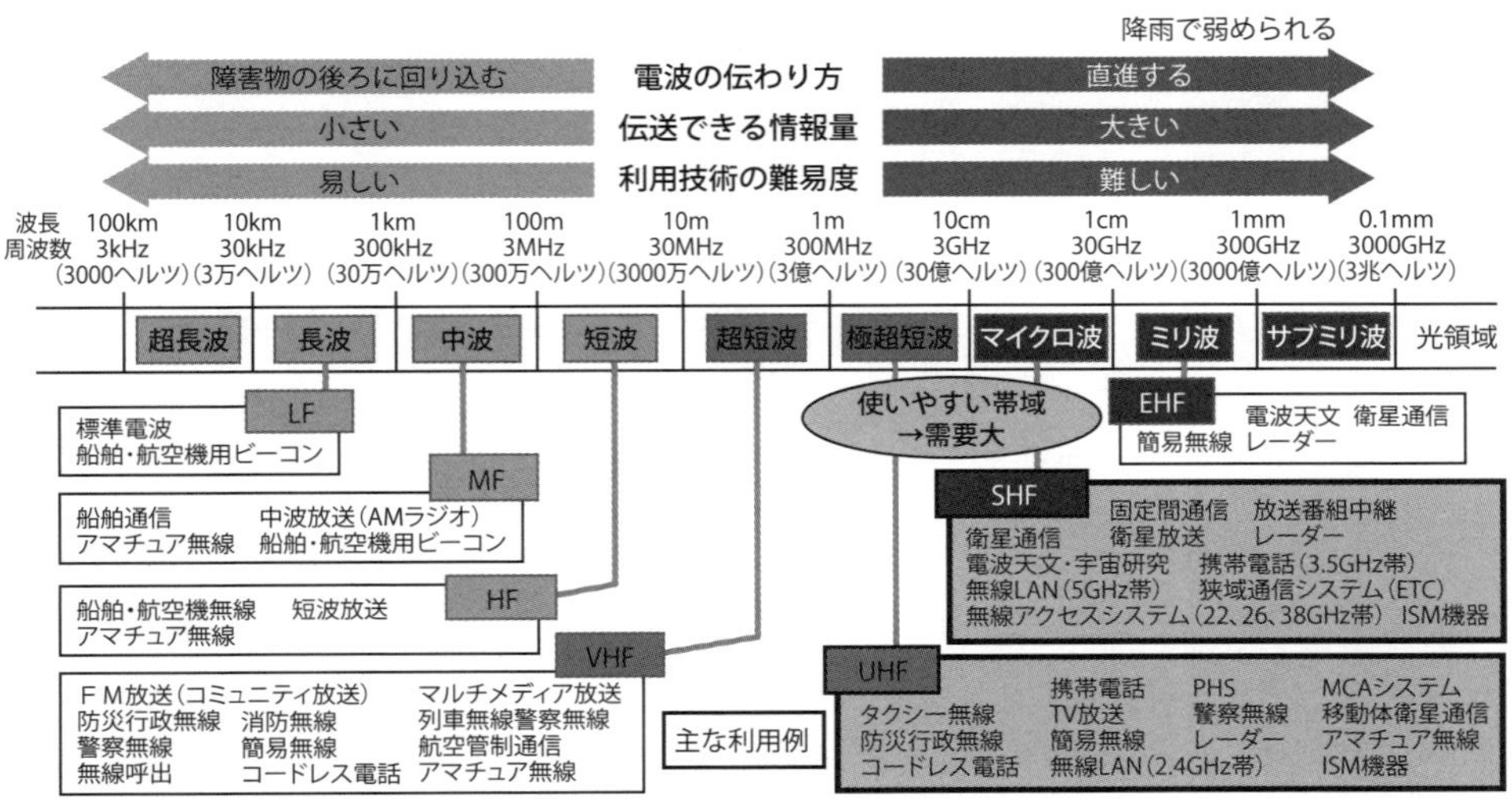

○低い周波数の電波は、障害物を回り込んで届く

○電波は金属等で反射するが、物質を通り抜けたり、反射したりするたびに弱くなる

○周波数が高くなると、雨等でも減衰する

○使用する電波の幅（周波数帯幅）が広いほど、沢山の情報を送れる

（出所）総務省

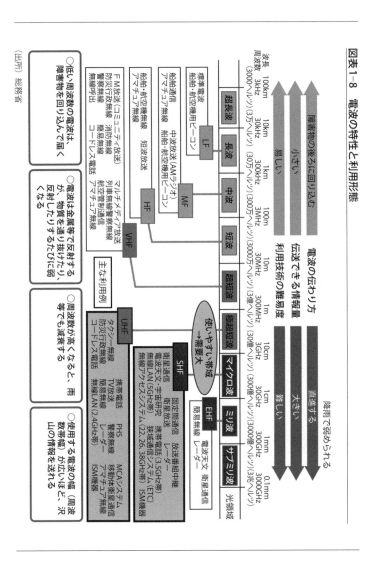

等の影響を受けやすい

②周波数が高いほど、情報伝達量が多くなる

③高い周波数ほど、高度な電波の利用技術が必要

周波数が比較的低い電波は、障害物等を回り込んで伝わることが知られています。もとから公共分野における無線通話やAMラジオ放送等に使われていた長波、中波、短波（〜30MHz）などは、さらに大気中の電離層で反射し地球規模で通信できることから、長い間アマチュア無線や船舶通信用等の超長距離通信に使われてきました。ただしこの周波数帯は、音声などの通信には向くものの、大量の情報データを伝送することは困難です。

この上の周波数帯の超短波（VHF）、極超短波（UHF）（300MHz〜3GHz）そしてマイクロ波帯の一部（〜6GHz）は、現在地上テレビジョン放送やケータイのほか、衛星通信、レーダー、航空・海上等のデータ伝送、放送素材中継など多彩な用途に使われている非常に利用度の高い、混雑している周波数帯域です。というのも、この周波数帯は、現在の電波利用技術の難易度が比較的低く、電波の伝播特性の良さと比較的大量のデータが伝送可能な性質のバランスが取れている

帯域だからです。

これより高い6GHz以上の周波数帯（高めのマイクロ波帯、ミリ波帯、サブミリ波帯）については、非常に大容量のデータ伝送が可能な一方で、周波数が高くなればなるほど直進性が強く（電波が回り込まない）、また降雨等により減衰が生じやすくなることから、電波の利用技術はより高度なものが求められます。

2019年4月に割り当てられた全国系5G用電波の周波数は、次の第2章で説明するように、

・3・6GHz〜4・1GHz（3・7GHz帯）及び4・5GHz〜4・6GHz（4・5GHz帯）のマイクロ波帯

・27GHz〜29・5GHzの間の1・6GHz幅（28GHz帯）のミリ波に近いマイクロ波

の2種類となっています。

3・7GHz帯と4・5GHz帯の周波数は、現在4Gでも利用している周波数に近く、数kmまでと比較的遠くに届く一方、28GHz帯は、より大容量のデータ伝送が可能になるとともに、数百mまでと比較的短い伝送距離となります。このため、同面積をカバーするのに、低い周波数に比べて多くの基地局を設置することが必要とな

ります。逆に、スポット的に大容量のデータ伝送を行う利用に向いているため、面的な整備は3・7GHz帯と4・5GHz帯を中心に、スポット的には28GHzを利用するといった組み合わせも効果的と思われます。

今後は、さらに上の周波数であるミリ波の40GHz帯などの利用も考えられますが、いずれにしても電波には、周波数により用途の向き不向きがあるという点を理解していただきたいと思います。また、これまであまり使われていないミリ波帯やサブミリ波帯も、電波の利用技術の進歩により、より使い勝手のよい利用が将来想定されますので、その動向も要注目です。

電波は有限稀少な財産

電波は有限稀少な財産であり、同じ周波数帯で同じ使い方をすると混信し、通信ができなくなってしまいます。このため、電波法では、電波の混信を防止するとともに、電波の公正かつ有効な利用を促進することとしています。

無線局の総数は、1985年の381万局から2018年3月末には60倍以上の2億3445万局（この9割以上が移動通信用無線局）に急増しており、利用ニーズの高い超短波帯からマイクロ波帯にかけてはむろんのこと、さまざまな電波利用の拡大に応じて、すでに周波数全体が非常に逼迫（混雑）している状況です。

電波の利用を通じて利便性を高めていくためには、新たな電波利用を可能とする周波数の確保や、同じ周波数帯で異なる利用技術を使ったり、用途や時間・場所等を棲み分けて利用したりする周波数の共用、相互に干渉や混信等の問題を発生させない適切な電波監理などが必要となります。

第2章

5G周波数割当ての狙い

本章では、2019年4月10日に行われた、我が国の全国5Gネットワーク整備を担う携帯事業者への最初の周波数割当てについて、その狙いや割当ての結果を説明します。

1　5Gのネットワーク整備

◉政府目標は「速やかな地方への展開」

第1章では5Gの性能とその可能性について説明しましたが、5Gの能力を地方創生の切り札として活用しようという政府の方針を最初に示したのが、閣議決定「未来投資戦略2018」でした。

この未来投資戦略には、5Gの推進について、次のように記されています。

未来投資戦略2018―「Society5.0」「データ駆動型社会」への変革―

（2018［平成30］年6月15日閣議決定）〈抄〉

Ⅱ．［1］1．基盤システム・技術への投資促進

（3）iii）新たな技術・ビジネスへの対応

⑤「Society5・0」を支える通信環境の整備

・「Society 5・0」の社会実装を地域においても加速させるため、その基盤となる5Gや光ファイバ網等の地域展開、Wi-Fi環境整備、ケーブルテレビネットワークの光化などの通信環境の高度化を推進するとともに、Beyond 5G等の次世代ワイヤレスシステムの実現のための技術開発や環境整備、人材育成、優れたワイヤレスシステムの海外展開等に取り組む。

・このため、本年夏頃までに必要な技術基準を策定した上で来年3月末頃までに周波数割当てを行って**5Gの地方への速やかな普及展開を推進**するとともに、5GやIoTなどの高度無線環境を支える光ファイバ網等の整備の在り方について検討を行い、本年夏頃までに結論を得る。（太字筆者）

他方、5G推進に向けた地方部へのネットワーク普及展開の推進という命題は、簡単には進まない難しい問題をはらんでいました。

まず4Gまでの電波割当てにおけるネットワーク整備要件は、割当てを受けた携帯事業者が、基本的に5年後までに一定の人口カバー率や世帯カバー率を達成するというものでした。そのため採算性の観点から、どうしても最初は投資回収の早い都市部などの人口密集地域からネットワーク整備とサービスを開始し、徐々に地方都市部や過疎地等のルーラル地域へ展開していくことになったからです。

◉5Gの利用意向調査（参入希望調査）

このような背景を踏まえ、総務省では2019年3月末頃までの周波数割当てを念頭に、5Gの利用を希望する者（サービス提供希望者）の参入意向を把握するため、2018年8～9月に「第5世代移動通信システムの利用に係る調査（利用意向調査）」を実施しました。

この調査の結果、全国で5Gサービスの提供を希望する者4者、特定の地域で5Gサービスの提供を希望する者22者から5Gへの参入希望が表明されたところです。

このうち、全国で5Gサービスの提供を希望している4者（NTTドコモ、KDDI／沖縄セルラー、ソフトバンク、楽天モバイル）については、利用意向調査締め切り後の2018年10月、5Gに関する公開有識者ヒアリングが、総務省で行われました。

全国系4者のヒアリング結果概要は図表2-1のとおりですが、各社ともヒアリングされ

図表2-1　5G利用意向調査（2018年10月）の結果概要

	NTTドコモ	KDDIグループ	ソフトバンク	楽天モバイル
希望周波数／帯域幅	• 3.7GHz/4.5GHz帯【100MHz幅】 • 28GHz帯【400MHz幅】	• 3.7GHz/4.5GHz帯【100MHz幅以上】 • 28GHz帯【400MHz幅以上】	• 3.7GHz/4.5GHz帯【100MHz幅】 • 28GHz帯【400MHz幅】	• 3.7GHz/4.5GHz帯【100MHz幅】 • 28GHz帯【800MHz幅】
導入時期	2019年9月 プレサービス実施 2020年春～ 商用サービス開始	2019年 プレサービス実施 2020年～ 商用サービス開始	2019年 プレサービス実施 2020年春～ 商用サービス開始	2020年～ 商用サービス開始
料金	安価な大容量プランの提供 さまざまな付加価値と融合した料金サービスを提供	安価な大容量プランの提供 IoT料金のさらなる低価格化	利用者ニーズを踏まえて検討	2019年10月開始予定の4Gサービスの料金を踏まえて検討
活用イメージ	①スポーツの新しい観戦スタイルの提供 ②建設機械の遠隔操作 ③次世代移動検診車による遠隔妊婦検診 等	①スポーツの新しい観戦スタイルの提供 ②建設機械の遠隔操作 ③ドローン警備システム 等	①建設機械／産業用ロボットの遠隔操作 ②公共エリアでのセキュリティサービス ③トンネル等のAIによる予防保全 等	①スポーツの新しい観戦スタイルの提供 ②空飛ぶ車／無人ロボット車等による荷物配送 等
希望する評価指標	「全国的なサービスの広がり」や「サービスの多様性」を考慮した指標	様々なニーズに対応すべく、5G基盤を多くの地域に整備するための指標	人だけでなく地理的に多くの地域への展開可能性を考慮した指標	3.7/4.5GHz帯は人口カバー率 28GHz帯は人口カバー率でない指標（市区町村カバー数 等）

（出所）総務省

た各項目への回答についてはおおむね同じような内容であり、5Gのサービスイメージも含めて顕著な違いがあったわけではありません。

ただし特筆すべきは、ソフトバンクが明確に表明したような「希望する評価指数」、つまり周波数割当ての際の基地局整備の方針として、これまでの人口・世帯カバーベースではなく、「人だけでなく地理的に多くの地域への展開可能性を考慮した指標」を設定すべきといった意見、及び同様の意見が、NTTドコモやKDDIグループからも表明されたことです。

これは、IoTなど「人と人」だけでなく「モノと人」や「モノとモノ」との通信を進める上で、従来のように人の住む地域だけをカバーすることで足りるのかという問題提起でした。

この結果を考慮すると、上述の「5Gの地方への速やかな展開推進」とあわせて、この人口居住地域以外でのサービス提供可能性の確保という課題への対応を、電波の割当て方針においていかに反映させるかという判断も必要となりました。

◉全国均等にエリアカバーをめざす

政府方針の真意は、裏を返せば、5Gが地方創生に資するには、より深刻かつ多くの地域課題の解決を必要とする地方への展開が後回しになることは避けなければならない、というものです。他方、事業者の事業採算性にも配慮しなければ、そもそも5Gネットワークを整備してサービスを行う事業者がいなくなってしまう可能性も危惧されました。また、都市部には都市部の地域課題もあります。

このため、新しい電波割当ての基本的な考え方として、いかに都市部・地方部を問わず、全国均等な形で5Gネットワークの整備を行うことが可能かを検討することが求められました。

◉二つの異なる周波数帯と、面的・スポット的展開の組み合わせ

もう一つのテーマとして、5Gに適した周波数帯をいかに確保するかという課題がありました。

電波の周波数は有限稀少な国民の共有資産であることから、低周波から可視光線に近い3THz（3兆Hz）までの周波数帯について、用途に応じて必要かつ適切な利用を図っていかなければなりません。しかし、携帯電話を含む無線通信ニーズの飛躍的な高まりによって、近年では周波数そのものが逼迫（混雑）しており、ある程度の周波数幅を使用しないとその特性を発揮しにくい5G用の周波数を十分に確保することは容易ではなく、今でも世界共通の課題となっています。

専門的な解説は省きますが、4Gまで使っていた比較的遠くまで通信でき、かつ一定の大容量通信が可能となる周波数帯（具体的には、「サブ6」と呼ばれる6GHz以下の帯域）

図表2-2　5Gの割当て枠について

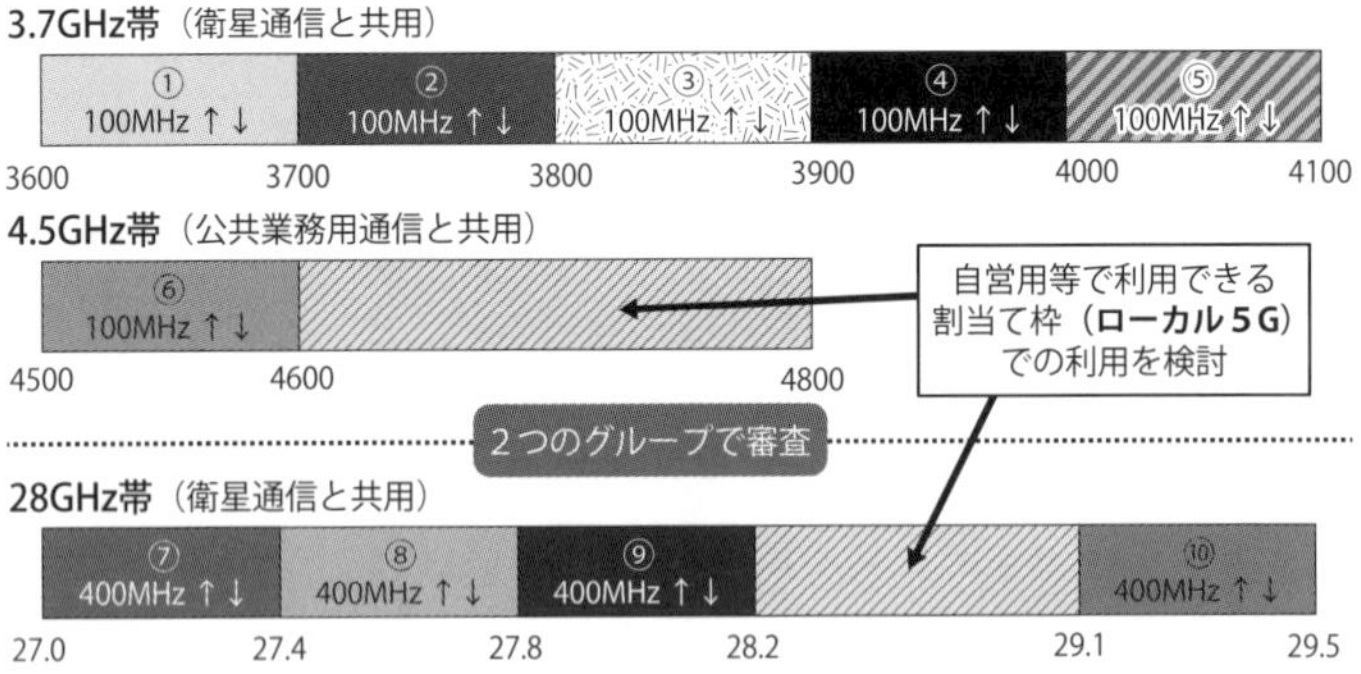

○申請者は、
（1）希望する周波数帯（3.7GHz帯及び4.5GHz帯、28GHz帯）ごとに、
（2）希望する周波数枠（3.7GHz帯及び4.5GHz帯［①〜⑥］、28GHz帯［⑦〜⑩］）について、順位を付して申請。
（3.7GHz帯及び4.5GHz帯にあっては、希望する周波数幅［100MHz幅又は200MHz幅〈100MHz幅ずつ指定された合計〉］もあわせて記載。）

○絶対審査基準を満たしたすべての申請者の申請に対して比較審査を実施し、点数の高い者から順に希望する周波数枠の割当てを実施。
（周波数特性に鑑み、3.7GHz帯及び4.5GHz帯は一体として割当て審査を実施。）

は特に混雑しているため、通信衛星など既存の免許人（現在周波数を使用している者）と共同で周波数を利用する「共用」の調整を行う必要がありました。この共用の考え方は技術基準や開設指針に反映されており、割当て後は免許人間で共用調整を進めていくことになっています。こうした条件の下で、６００MHz幅（１００MHz×６枠）の５Ｇ用周波数帯域が確保できましたが、最初の電波割当てに際しては、サブ６より高い周波数帯を使用することが求められる状況でした。

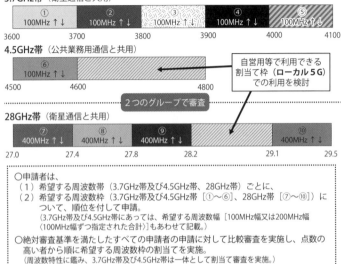

他方で、あまり遠くまで届かないものの、大容量の通信に適した6GHz以上の比較的高い周波数帯であれば、サブ6帯と同様、衛星通信など既存の免許人と共用調整を上手く行うことで、ある程度広い周波数（1・6GHz幅：400MHz×4枠）の確保が可能ということがわかっていました。

このようなことを考慮しつつ、さまざまな技術的検討を経て、我が国では3・6GHz〜4・1GHz（3・7GHz帯）及び4・5GHz〜4・6GHz帯（4・5GHz帯）、そして28GHz帯（ミリ波帯）が割り当てられることとなりました。いずれも、衛星通信などに使われている周波数帯です（図表2-2）。

◉面的カバーとスポット的利用の組み合わせ

これら3種類の周波数帯について検討を重ねた結果、最終的に、次の二つの周波数帯の電波割当てが行われることとなりました。

①数km程度と比較的遠くまで届き、面的なエリア展開に適した3・7GHz帯と4・5GHz帯をセットとした一つの割当て周波数帯（600MHz幅：100MHz×6枠）

②数百m程度しか飛ばないものの、大容量の通信がスポット的に可能な28GHz帯の周波数

帯（1・6GHz幅：400MHz×4枠）

このように、5G用の周波数帯は、事業者が、面的なカバーに適した周波数帯と、大容量のスポット的なカバーに向く周波数帯とを組み合わせてサービス展開を行うことが可能なものが確保されました。

ここで参考までに、周波数の国際協調についてお話ししておきましょう。

もともと5Gのような新しい無線方式、特に携帯などの移動通信システムを導入するためには、使用する周波数帯について、あらかじめ国際調整を行い、各国が使用する周波数帯を極力共通化しておくことが重要です。というのも、各国がバラバラの周波数帯を使ってしまうと、設備ベンダーが電波を発射する基地局を各国ごとに作り分ける必要が出ることからコスト増になりますし、携帯端末を国外に持ち出した際に、対応周波数が通信できないといった事態が生じてしまい、最終的に利用者の不利益になってしまうからです。これを、通信設備や端末機器の国際的な相互運用性の確保といいます。

4Gまでの携帯電話についても、民間の国際標準化団体3GPPや国連傘下のITU（国際電気通信連合）の場で規格の策定と合わせて、使用する周波数の候補帯域について、各国の産学官が参加する標準化団体（日本の場合は5GMF）やその加盟各社等が参画し、標

図表2-3　各国・地域における5G推進団体

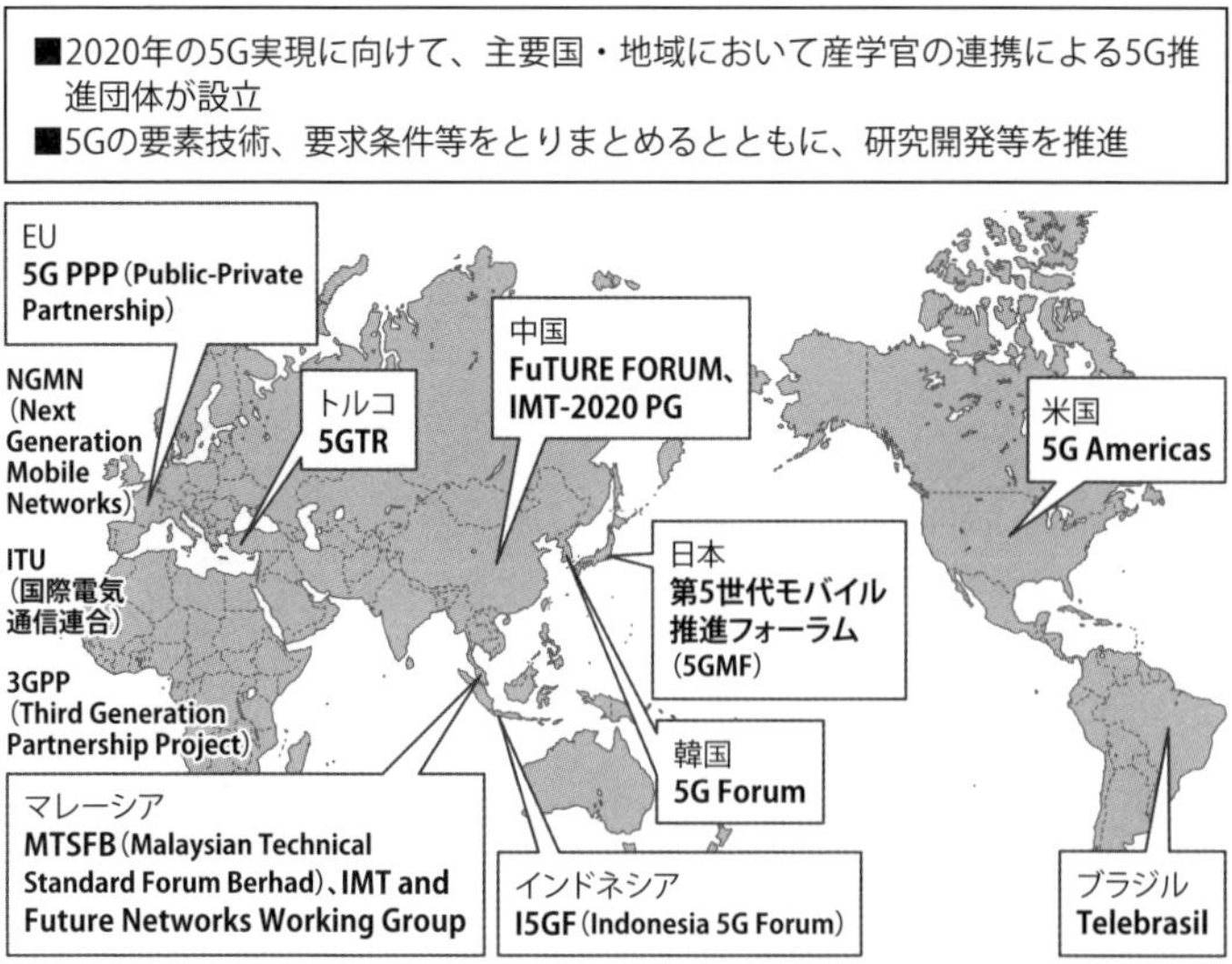

準化が行われてきました（図表2-3）。

5Gについても、3GPPやITUの場で行われた国際調整の結果を踏まえ、各国が自国の周波数事情に沿って割当て候補となる周波数幅を選定しています。このうち28GHzの一部やそれ以上の高い周波数帯については、2019年11月に開催されたWRC-19というITUでの周波数の国際調整の結果、5G用の周波数が、追加・特定されました。

さて、世界的な5G用周波数の割当て周波数（候補）ですが、現在のところ、図表2-4のように世界中

図表2-4　5G用周波数の国際的な検討状況

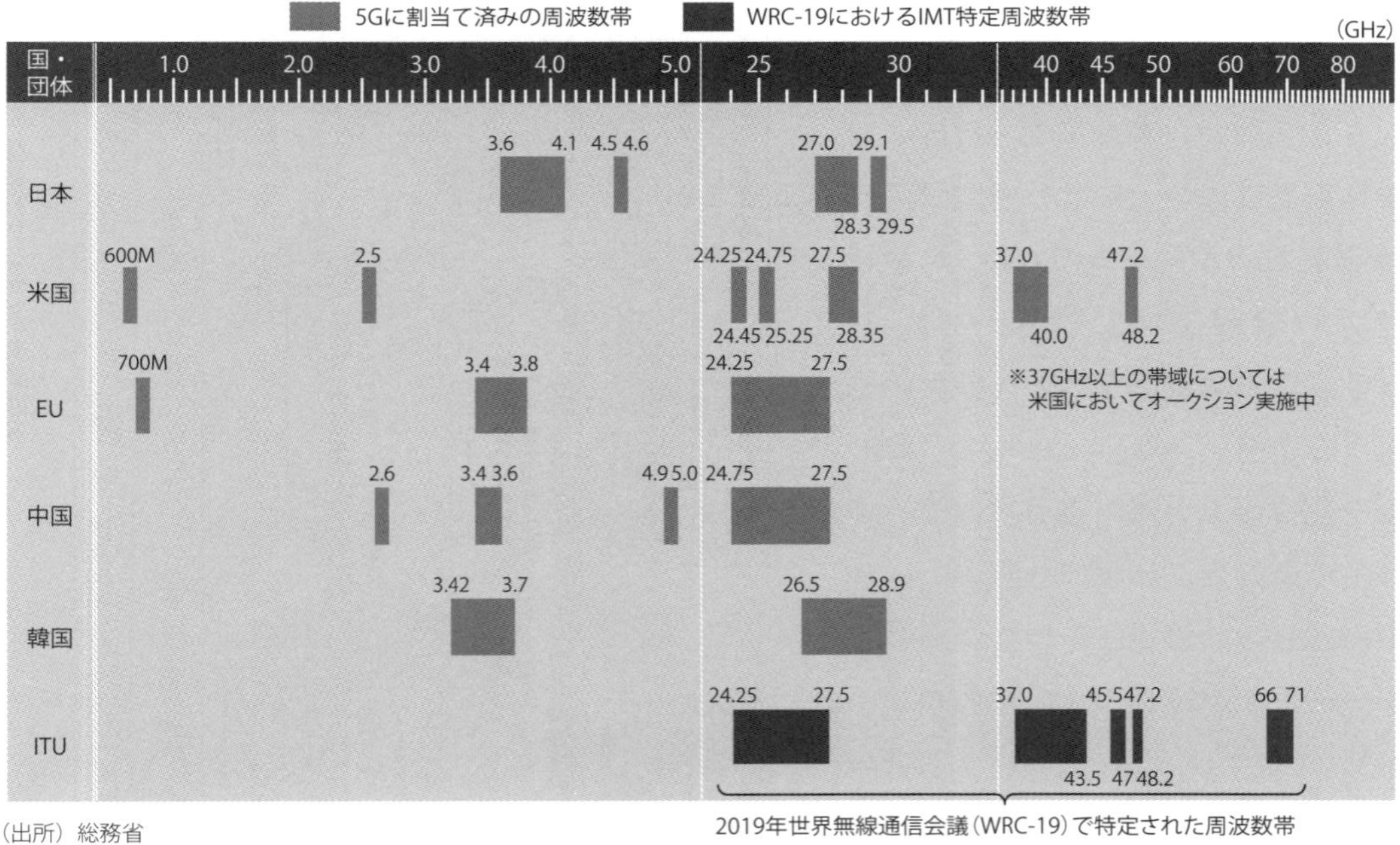

（出所）総務省

で完全に一致にまでは至っていませんが、各国や各地域同士である程度周波数帯が重複しており、一定の国際協調が可能な状況になっています。

我が国についても、最初の5G用電波の割当てでは、上記のうち、①の周波数帯の一部が欧州などと共通、②の周波数帯については一部が欧州と共通、かつほぼすべてが米国・韓国等と共通の周波数帯となっています。

2 新しい電波の割当て方式

◉人だけでなく「モノ」や「コト」もカバー

前節で述べたように、あらゆるモノがセンサーとインターネットにつながるIoTの急速な進展によって、5Gについては、これまでの「人と人」の通信のみならず、とりわけ「モノとモノ」の通信を進める上で、人の住む居住区域だけをカバーする従来のネットワーク整備要件の見直しが必要となりました（「モノとモノ」の通信は、M2M：Machine to Machine Communicationsと言われます）。

この点については、さまざまな議論の結果、国土地理院の産業用途利用調査等を参照し、居住地域だけでなく、非居住地域でも潜在的に産業（事業）立地の可能性のある場所、たとえば田畑・酪農地、工業団地、鉱山や工事現場、海岸・港湾、競技場・スタジアム等についても5G利用の可能性を考慮して、ネットワーク展開の可能性を確保することが適当との結論に至りました。

◉全国を10㎞四方メッシュに分解

こうして、5Gの全国整備に当たっては、人口居住地域以外の産業立地を含めて、かつ都市部／地方部を問わず全国で均衡の取れた早期のネットワークを整備する方針が固まりました。

では、これをどのような方法で実現していくのか。そこで採用されたのが、日本全土を10㎞四方のメッシュ（国土地理院発行の2次メッシュ）で区切り、まず各メッシュ内に柔軟な基地局整備を可能とする中核的な基盤となる基地局（5G高度特定基地局）を整備するという考え方でした（図表2-5）。

日本全国を10㎞四方のメッシュで区切っていくと、約4900のメッシュに分けられます。ここから、産業立地可能性がほぼ想定されない山岳地、深森林部、水上・海上、無人島な

図表2-5　5Gの広範な全国展開確保のイメージ①

■**全国を10km四方のメッシュに区切り、都市部・地方を問わず事業可能性のあるエリア**※**を広範にカバー**する。※対象メッシュ数：約4500
①**全国及び各地域ブロック別に、5年以内に50%以上のメッシュで5G高度特定基地局を整備**する（全国への展開可能制の確保）。
②周波数の割当て後、**2年以内に全都道府県でサービスを開始**する（地方での早期サービス開始）。
③**全国でできるだけ多くの基地局を開設**する（サービスの多様性の確保）。
（注）MVNOへのサービス提供計画を重点評価（追加割当て時には提供実績を評価）

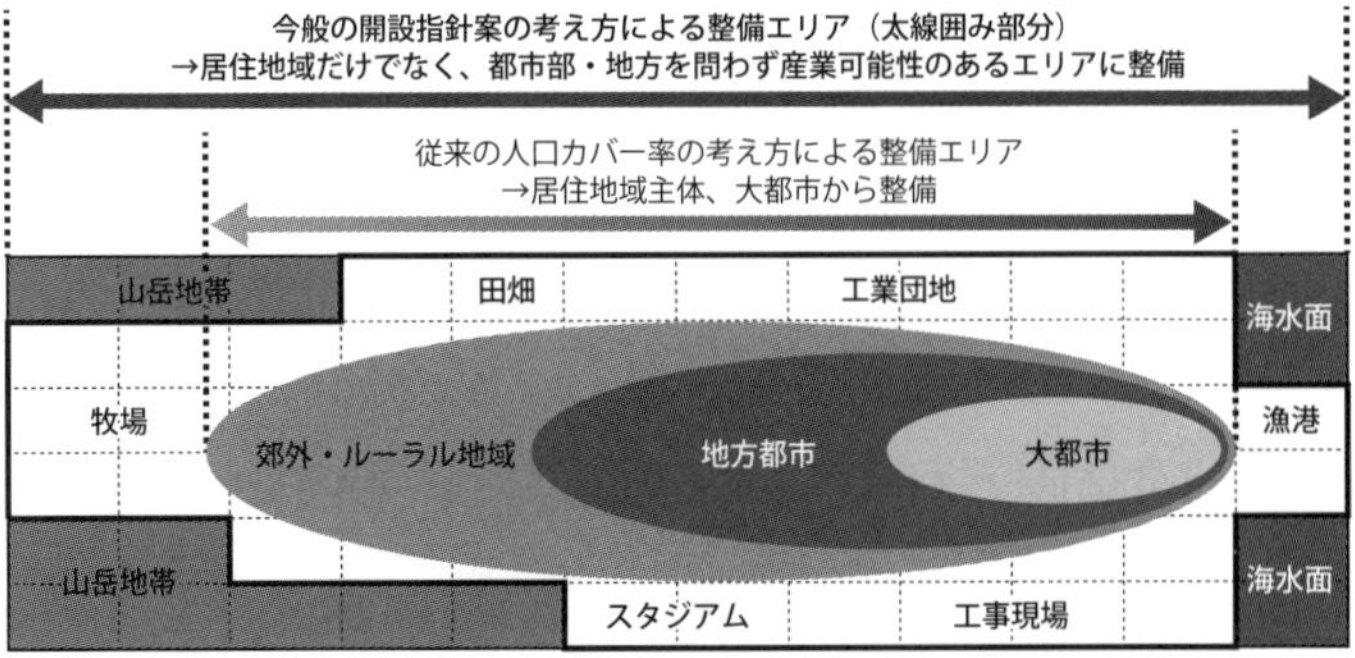

どを除くと、約4500のメッシュが残ります。この約4500メッシュは産業（事業）立地可能性のあるエリアということになりますが、この中には、事業者によっては、5Gの展開に必要な光ファイバや電源等の確保が困難な地域などもあります。また、地域的に均衡あるサービスエリア展開を確保しつつ、利活用ニーズに応じて柔軟に基地局を展開したいという申請希望者の意向等も勘案した結果、エリアカバーについて、次のような整備基準を設けました。

①絶対審査基準：割当てを受

ける者は、約4500のメッシュのうち50％以上（従来の人口／世帯カバー率で98％以上相当がカバーされるメッシュ数）をカバーすること。

②比較審査基準：比較審査の際、よりカバーメッシュ数の多い申請者に加点する。（重点加点項目）

一点、注意が必要なのは、この場合の「メッシュをカバーした」と判断する基準については、10㎞四方のメッシュ内を隅々までカバーする（メッシュ内のどこでも直ちに実際に5Gサービスを受けられるよう電波を飛ばす）ということでは必ずしもありません。各メッシュ内をカバーしたと判断されるためには、メッシュ内のどこかに、大容量の光ファイバ網及び多数の基地局展開能力を持つ5Gの基盤となる基地局（5G高度特定基地局）を設置することが必要という基準です。もちろん、5G高度特定基地局も電波を発射して、5Gサービスを提供しなければなりません。

では、約4500のメッシュに一つずつ5G高度特定基地局を設置していけばそれで十分か、と言えばそうではありません。やはり各メッシュ内にもできるだけ多数の携帯用基地局（5G高度特定基地局［親局］と、そこから展開される基地局［子局］の双方）を整備してもらうことが、利用者にとって望ましいことに変わりはありません。

図表2-6　5Gの広範な全国展開確保のイメージ②

■10km四方のメッシュに区切り、**メッシュごとに5G高度特定基地局（ニーズに応じた柔軟な追加展開の基盤となる特定基地局）を整備**することで、**5Gの広範な全国展開を確保することが可能**。

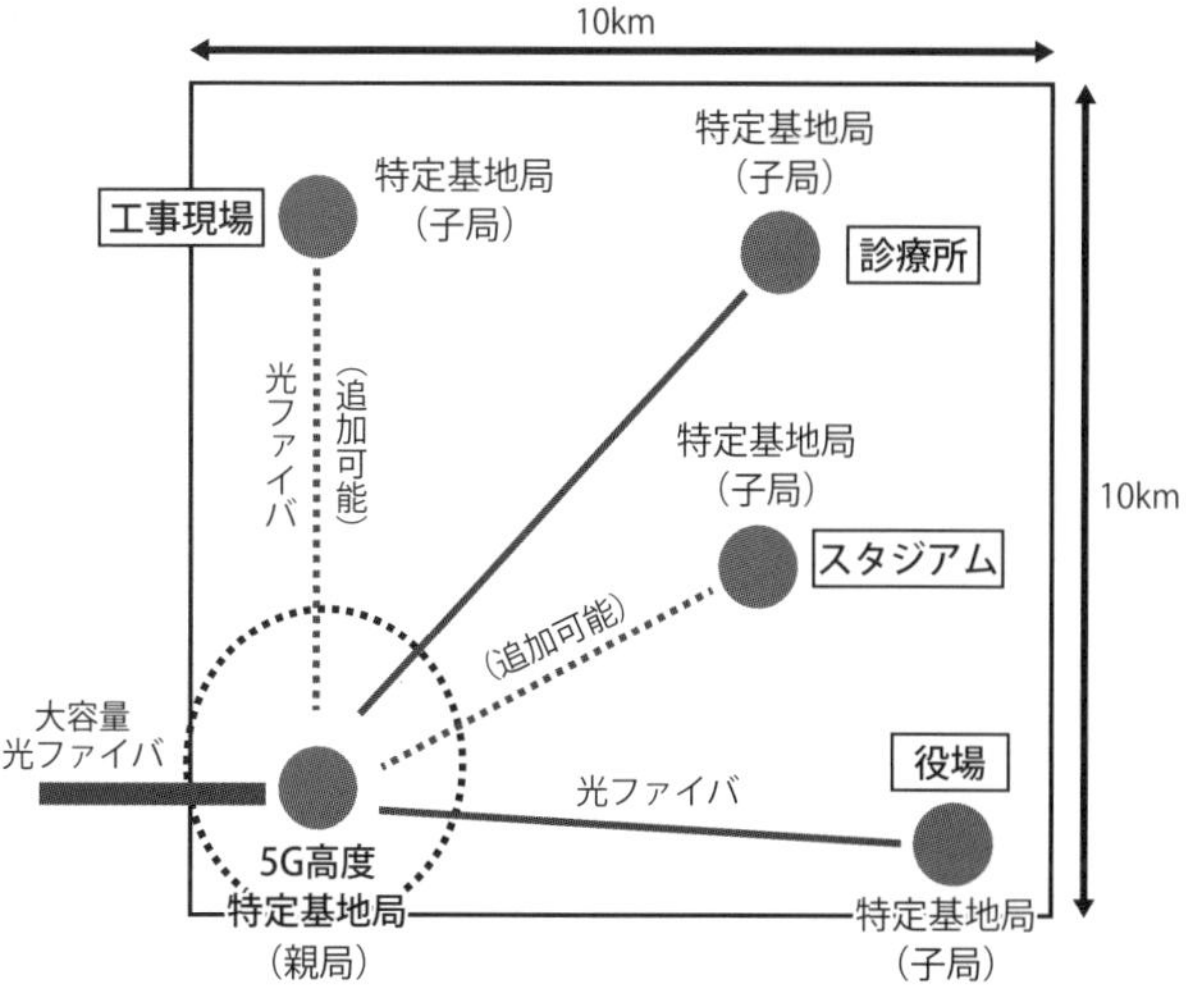

（参考）平均的な生活・産業圏は居住地から概ね10km以内

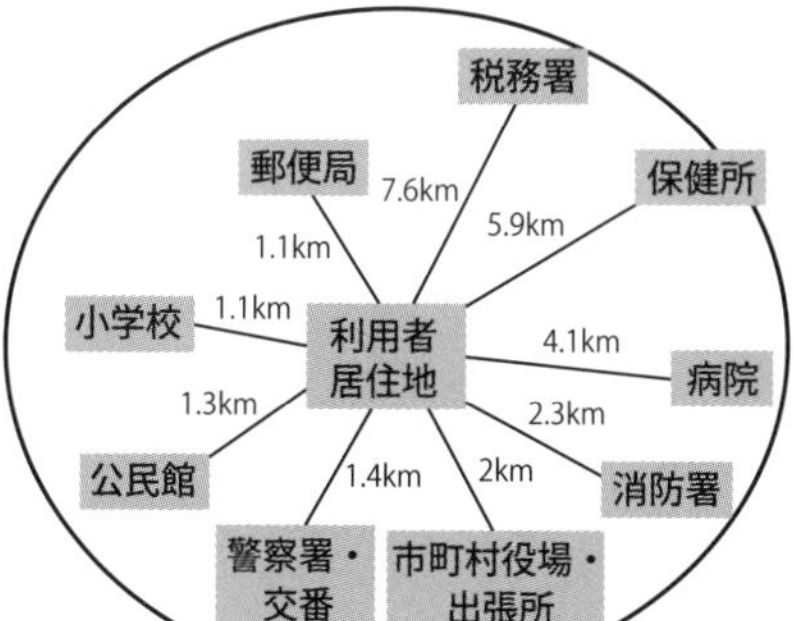

（出所）総務省

そこで、上記のメッシュベースのエリアカバー基準に加えて、「より多数の基地局を整備する計画を有する申請者」に対し比較審査時の基準において重点加点する項目としました。

このようなエリア整備の基準を設けることで、総務省は申請事業者に対し、競争的により広域の5Gのネットワーク整備を促す仕組みを設けました。また、事業者も基盤となる基地局設備を予め展開しておくことで、メッシュ内で一般の消費者向けの5Gニーズ（B2C）があると考えられる地域や、特定の用途向けに利活用が期待される地域について、光ファイバ等を延伸して子局を展開することで、柔軟に5Gサービスを提供することが可能となります（図表2-6）。

◉2年以内の全都道府県でのサービス開始

全国均等な5Gエリアとサービスの展開にとってもう一つの肝となったのが、都市部と地方のサービス開始時期の違い、つまりサービス開始までの地理的な展開スピードと時間差でした。

この課題に対応するため、電波割当ての絶対審査基準（申請者の義務）として、割当てから2年後に当たる2021年4月10日までに、すべての都道府県でサービスを開始しなければならないという要件を定めました。この基準と上述の全国的なエリア整備の基準があることで、割当てを受けた事業者は、地方創生に資するよう、5Gネットワークを全国的に均衡ある形で整備していくことが求められています。

◉5年後に最大で国土の98%がカバーされる

総務省では、2018年末、上記のような内容を盛り込んだ5G用の電波割当て方針に当たる基地局の開設指針をパブリックコメントに付した後に策定しました。この開設指針が告示された2019年1月から、5G用電波の割当てを希望する者からの基地局開設計画の申請を受け付けました（図表2-7）。この結果、NTTドコモ、KDDI／沖縄セルラー、ソフトバンク、楽天モバイルの4者から申請があり、電波監理審議会への諮問を含めた厳正な審査を経て、同年4月に各申請者に5G用電波の割当て（基地局開設計画の認定）を行いました。

このうち、六つの割当て枠（100MHz幅）が用意された3・7GHz帯及び4・5GHz帯（サブ6）については、4者から申請があったため、各社1枠ずつの割当てが行われた一方、2枠目についてはは2者にしか割当てができないため、比較審査基準に沿って審査を行った

図表2-7　5G特定基地局の開設計画に係る認定申請の概要

■申請者4者（50音順）

○NTTドコモ、KDDI／沖縄セルラー電話[※1]、ソフトバンク、楽天モバイル[※2]

※1　KDDI株式会社及び沖縄セルラー電話に係る申請については、地域ごとに連携する者として申請しているため、第5世代移動通信システムの導入のための特定基地局の開設指針の規定に基づき、1の申請とみなして、審査を行う。

※2　平成31年4月1日に「楽天モバイルネットワーク株式会社」から社名変更。

■割当て枠と割当て希望枠数

○3.7GHz帯及び4.5GHz帯については、6枠（100MHz幅）に対し、合計7枠の希望

→4者とも1枠ずつ割当て可能。他方、2枠目を希望する3者のうち、1者の希望枠1枠が不足

○28GHz帯については、4枠（400MHz幅）に対し、合計4枠の希望

→4者とも1枠ずつ割当て可能

申請者（50音順）	NTTドコモ	KDDI／沖縄セルラー電話	ソフトバンク	楽天モバイル
希望周波数帯域幅（希望枠数） ①3.7GHz帯及び4.5GHz帯【100MHz×6枠】 ②28GHz帯【400MHz×4枠】	200MHz（2枠） 400MHz（1枠）	200MHz（2枠） 400MHz（1枠）	200MHz（2枠） 400MHz（1枠）	100MHz（1枠） 400MHz（1枠）
サービス開始時期	2020年春	2020年3月	2020年3月頃	2020年6月頃
特定基地局等の設備投資額（基地局設置工事、交換設備工事及び伝送設備工事に係る投資額）	約7950億円	約4667億円	約2061億円	約1946億円
5G基盤展開率	97.0%（全国）	93.2%（全国）	64.0%（全国）	56.1%（全国）
特定基地局数（屋内等に設置するものを除く） ①3.7GHz帯及び4.5GHz帯 ②28GHz帯	8001局 5001局	3万107局 12756局	7355局 3855局	1万5787局 7948局
MVNO数／MVNO契約数（L2接続に限る）	24社／850万契約	7社／119万契約	5社／20万契約	41社／70.6万契約

（注）設備投資額、5G基盤展開率、特定基地局数及びMVNO数／MVNO契約数については、2024年度末までの計画値

結果、より優れた計画を有していると認められたNTTドコモ、KDDIグループの両者に2枠の割当てが行われました。
28GHz帯(ミリ波)については、4枠(400MHz幅)に対し4者から申請が行われた結果、各者に1枠ずつの割当てが行われました(周波数帯の位置決めについては、比較審査を実施)。

この割当ての結果、4事業者合算で、割当てから5年後の2024年度末までに、日本全土の約98%のエリアに相当するメッシュ(4374/4464メッシュ)に5Gサービスの迅速な展開を可能にする5G高度特定基地局が整備される計画となりました。

今後は、割当てを受けた事業者が2024年春までのエリアメッシュカバーを極力前倒しして整備しつつ、計画している基地局整備数を最低限の目標としてさらに置局数の上積みと前倒しを行い、広範なサービス提供エリアを拡大していくことが予定されています(次節参照)。

3 割当て結果から見えるもの

◉5Gサービスはいつから始まるか

割当てを受けた各社は、NTTドコモ、KDDIグループ、ソフトバンクが2020年3月末にサービス開始、楽天モバイルが6月頃開始予定となっています。

これに先立ち、2019年9〜11月のラグビーワールドカップを契機に、NTTドコモとKDDI、ソフトバンクが商用目的や実験ベースでのプレサービスを開始したところです。さらに、前述のとおり、各事業者とも2021年4月までに全都道府県で商用サービスを開始する予定です（図表2-9）。

◉基地局数は十分か

各社の計画では、2024年度までの5年間で開設予定の基地局数には、大きな差が見られます。

特に、全国メッシュの97・0%をカバーする計画を持つNTTドコモの場合、開設予定

図表2-8　割当て結果まとめ

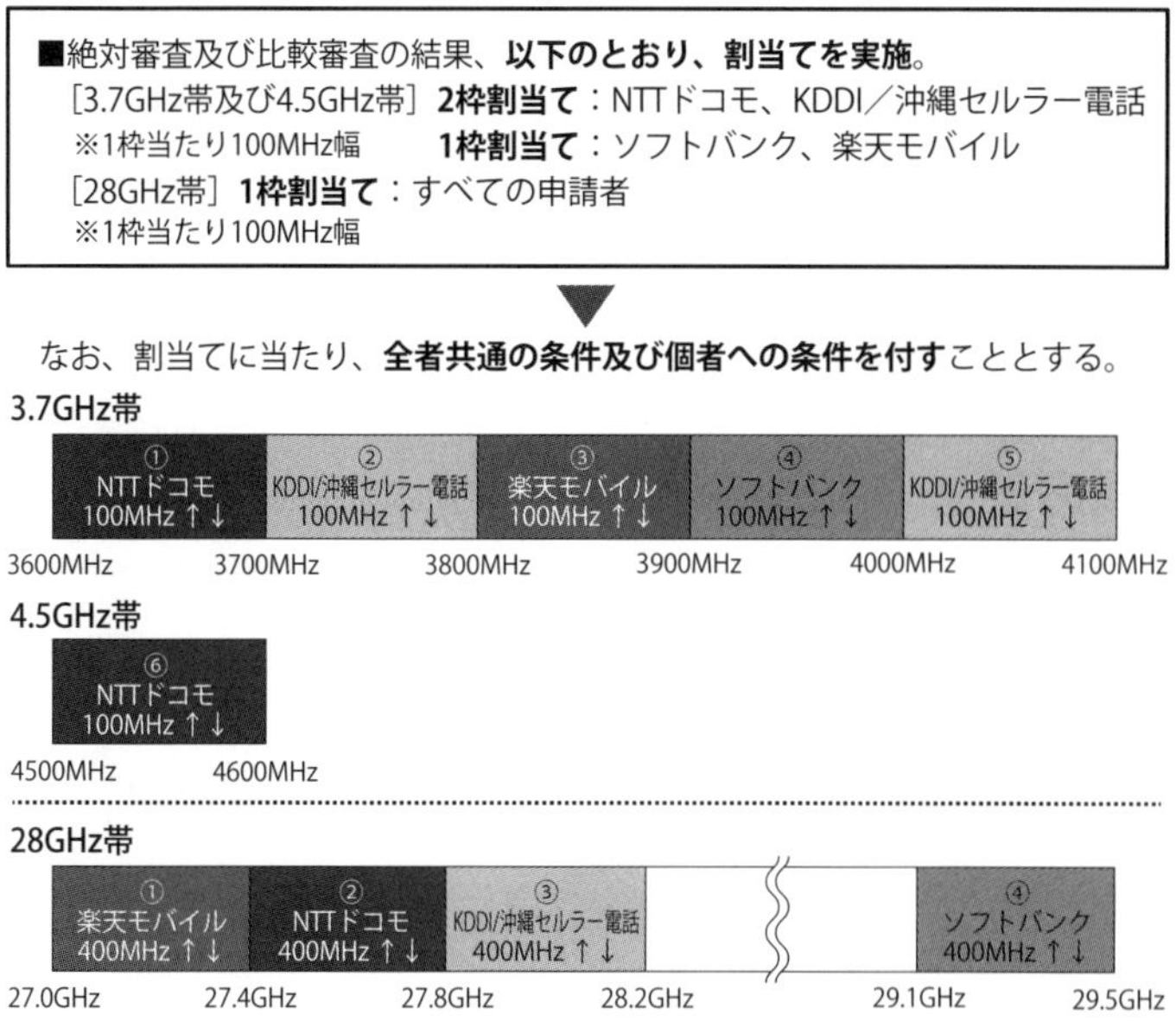

の基地局数が、二つの周波数帯３枠合計で１万３０００局と、ＫＤＤＩグループの約４万３０００局に比して少なくなっています。この背景には、現在具体的な設置予定箇所がある程度決まっているＫＤＤＩグループに対し、現時点で具体的に設置場所を固定せず、地域ニーズ等に応じて柔軟に基地局を設置していきたいというＮＴＴドコモのスタンスの違いがあると考えられます。

楽天モバイルについては、低廉な独自の基地局設備を活用す

図表2-9　携帯電話事業者の5Gプレサービス例について

■NTTドコモ、KDDI、ソフトバンクは、2020年3月の5G商用サービス開始に向けて、大容量の多視点映像やコンテンツ等を5Gネットワークを通じて、端末等に配信するなどの5Gプレサービスを実施。

NTTドコモ	KDDI	ソフトバンク
概要 ・2019年ラグビーワールドカップにて、全12会場（全48試合）のうち、8会場8試合で1試合につき端末50台程度の貸与による5Gサービスを提供。 ・具体的には、試合の多視点映像や解説情報等の付加情報を5Gネットワークを通じて端末に配信。 ・その他、ドコモ主催のライブビューイング会場（ベルサール汐留）に、複数の高精細映像や音声等の情報を5Gネットワークを通じて伝送。	概要 ・2020年1月24日・25日に、渋谷駅ハチ公前広場で、5G基地局を設置し、ARコンテンツ体験による5Gサービスを提供。 ・5Gネットワークを使って、大容量のARコンテンツを端末に配信し、1964年と現在の渋谷の街並みを比較体験できる。	概要 ・2019年12月24日～29日の全国高等学校バスケットボール選手権大会（東京都調布市）において、5Gサービスを提供。 ・試合中のスタッツ情報（各選手の得点数など）や多視点映像を5Gネットワークを通じて、タブレットに配信。 ・また多視点映像を5GネットワークをつうじてARグラスに配信し、観客席から見る実際の試合の光景とARグラスによる別視点による映像を両方見比べながら試合観戦が可能。

（出所）総務省

ることで、2万4000局弱という稠密な基地局の整備を行っていく方針です。

基地局の整備には、サービスエリアの設計、基地局の設置場所の確保、基地局をつなぐ光ファイバの確保、工事会社との密な連携、通信エリアの検証試験などさまざまな工程を、膨大な資金や内外の人手といったリソースをかけて処理していくことが必要です。このうち最もボトルネックとなりやすい基地局設置場所の確保については、各社とも当初は4Gの基地局設置場所への併設を予定しており、また既存の3社は全国の人口居住地域に数万の基地局を設置済みですが、今般の5G基地局整備に際しては、電波の到達距離が比較的短い、高い周波数帯の電波（特に28GHz帯）を用いることから、今後各種補助事業なども活用しつつ、全国でより稠密な基地局整備を行っていく必要があります。

また、無線局の運用従事者資格を有する者は無論のこと、社内の通信・電波等の技術専門家を一定数確保・育成していくことも必要です。

今般の5G用電波割当てにより、5年以内に全国の隅々まで5Gネットワークの基盤が整備されることが各社の基地局開設計画で約束された一方で、携帯事業者側で、開設計画において明らかにした基地局設置の進捗状況をHP等で公開していくことが求められます。

4Gまでの携帯サービスでは、自社の実際のサービスエリア（エリアマップ）をホームページ上で公開していますが、5Gについても同様に、利用者向けに実際どの場所に基地局を設置しており、どのエリアが5Gサービスの提供範囲となっているか、逐次明らかにしていくことが、地理的な「つながりやすさ」を他社と競って顧客を獲得していく上でも重要となるでしょう。

現時点で、各社ともそれぞれ独自に開設計画に記載した基地局数（約7万局）の約3倍の21万局に置局の上積みと前倒しを図っていく方針を示しています。

繰り返しになりますが、携帯事業者が基地局を展開して5Gのサービスエリアを拡大していくのは、原則として「ニーズに応じて」ということになりますので、5Gサービスが全国隅々まで展開されるためには、各事業者がニーズの存在を把握・確認できることが必要になります。このため、P89以降や第3章と第4章で述べるように、超高速ブロードバンド以外に5Gを使ってどのような実用サービスが可能になるか、ユースケースの創出と地域への展開・実装の見込みをつかむことが鍵となります。

◉設備投資は十分か

各社の開設計画によれば、2024年度末までの5年間の投資額は4社合計で約1兆7000億円と想定されています。

事業者別に見ると、NTTドコモが約8000億円、KDDIグループが、5000億円弱、ソフトバンクと楽天モバイルが2000億円前後と、やや開きがあります。これは各事業者の通信設備の構成やカスタマイズ方法の違いに基づく金額差などを反映したものであり、同様の基準では比較できませんが、上記で見た基地局の整備を最低限確保するには、不足するものではないと考えられます。

より一般的な話をすると、各携帯事業者、特に既存の3社は毎年5000億〜6000億円程度の設備投資を行っていますが、4Gの全国展開が一段落しつつあり、5Gへの設備投資の占める割合が大きくなるという状況の中で、5年間の5G整備設備投資額が最も大きいドコモ（一年平均約1600億円）でも、十分な投資余力があると考えられます。

2018年4月に4Gから新規参入した楽天モバイルについては、資金調達の方法について営業収益よりも銀行借入等への依存度が高いことを考慮し、念のため開設計画認定の条件として、「必要な資金調達を図ること」等が付されました。

設備投資だけでなく、大容量光ファイバ網の調達（他社の光ファイバ利用または自社敷設）などのコストについては、各社でランニングコスト（維持管理費）として別途考慮する必要があります。実際には各社とも、設備投資用の資金と合わせて既存の事業展開から得られる収益や金融機関からの借り入れ等により賄っていくことになりますが、既存の3社についてはおおむね4Gまでの携帯通信事業の採算性が高く、楽天モバイルについては、他事業からの収益と銀行借入に依存するものの、大きな資金の準備が可能な状況にあります。

このような中で、総務省では、２０１９年６月に「ＩＣＴインフラ地域展開マスタープラン」を策定しました。本マスタープランを実行することにより、特に地方のＩＣＴインフラの整備を加速し、都市と地方の情報格差のない「Ｓｏｃｉｅｔｙ５・０時代の地方」を実現することとしています。

その一環として、地理的に条件不利な地域や事業採算上の問題がある地域（過疎地、辺地、離島、半島など）において５Ｇを含む携帯電話等を利用可能とする「携帯電話等エリア整備事業」（２０２０年度予算15億１０００万円）などを活用し、格差のないネットワーク整備を推進する予定です。特筆すべき点として、マスタープランでは次の携帯ネットワーク整備目標を掲げています。

①主に４Ｇについて、現在のサービスエリア外居住人口１・６万人を、２０２３年度末までにすべて解消する。

②条件不利地域における２０２３年度末までの５Ｇの基地局整備（４社合計計画値約７万局）を前倒しし、かつ２割以上の８・４万局への整備の上積みをめざす。

また、政府として、安全性・信頼性が確保された５Ｇ設備の導入に関する投資の前倒しを促すために、「特定高度情報通信技術活用システムの開発供給及び導入の促進に関する法律」を制定し、これに基づき、導入設備の一部に15％の投資税額控除または30％の特別償却等を認める「5G投資促進税制」を、2020年度から2年間適用する予定です。このような各種施策を通じて投資を促進し、5Gの早期展開を後押ししていきます。

◉どうすれば早くサービスが受けられるか

先述のとおり、5Gの商用サービスはまず2020年春から開始され、その後2年以内に全都道府県で開始される予定です。また、全国均等に5G展開を行う基盤となる5G高度特定基地局（親局）が2023年度末までに全国98％の10㎞四方メッシュに展開される予定です。

他方、全国津々浦々の10㎞四方メッシュの中で通常の基地局（子局）がどのように展開されていくのかについては、基本的に事業者がサービスニーズ等に応じて判断するため、現時点では必ずしも具体的に定まっているわけではありません。では、早期に5G基地局を整備してもらい、サービスを享受できるようにするためには、どのようにすればよいのでしょうか。

この点については、B2CとB2BやB2B2Cの場合で違ってくる部分もあると考えられますが、端的に言えば、電波の割当てを受けた携帯事業者に対して、サービス提供を希望する利用者や地域が、5Gサービスへのニーズがあることをアピールしていくことに尽きるでしょう。

これにはいくつかの方法があります。たとえば都市部などの人口密集地域以外であっても、5Gサービスへのニーズがある可能性を事業者に提示することや、企業や自治体等が中心となって地域課題解決のために5Gを活用する意向を事業者に相談し、サービス開発や実証実験等を行う協定を締結することなどが一つの方法と考えられます。現時点ですでに携帯事業者と5Gの利活用に関するパートナーシップ協定等を結んでいる企業や自治体等は多数あり、これらの者の利活用拠点を含め需要が顕在化したと考えられる地域については、他よりも早期に基地局の展開が行われる可能性が非常に高くなると考えられます。

あるいは次の第4節で取り上げるように、自治体等が自らの地域での5G基地局整備を促すために、携帯事業者が基地局を開設しやすくなるよう、光ファイバ以外にも管理する公共設備を開放することも一つの方法と言えるでしょう（P100を参照）。

なお、開設計画の認定条件においては、「都市部・地方部を問わず、顕在化するニーズを適切に把握し、事業可能性のあるエリアにおいて、第5世代移動通信システムの特性を活かした多様なサービスの広範かつ着実な普及に努めること」を付しています。

◉料金はどうなるのか

5Gサービスでは、用途に応じさまざまな料金体系が設定されると思われますが、中でも一般消費者向け（B2C）の料金については関心が高いと思われますので、一つの参考として韓国・米国の例を挙げておきます（いずれも報道ベース）。

①韓国

2019年4月、ソウル市を皮切りに、3・5GHz帯を使ってKT、LGU+、SK Telecomの3社が5Gサービスを開始した韓国では、おおむね次のような料金プランとなっています。

・プレミアムプラン（250GB〜データ通信無制限）
月額8万ウォン（約8000円）〜10万ウォン（約1万円）程度

・スタンダードプラン（150GB）
月額7万5000ウォン（約7500円）〜8万ウォン（約8000円）程度

・エコノミープラン（8GB～10GB）

月額5万ウォン（約5000円）～6万ウォン（約6000円）程度

また、5G対応端末として、サムスン（Galaxy S10 5G）、LG（V50 ThinQ 5G）のスマートフォンが発売されました。端末代金は、512GBモデルで156万ウォン（約15万3000円）です。

②米国

韓国と同日に、ベライゾンが28GHz帯を使って2都市でサービスを開始した5Gの月額料金プランは、安いプランで95米ドル（約1万円）です。米国独自の端末として、モトローラ社がスマートフォン端末（Moto Z3、Z4）を販売しています（日本では未発売）。これは、4G端末に5G拡張モジュール「5G moto mods」を装着することで5G対応となるものです。価格はMoto Z3で480米ドル（5万円前後）、5G motoｍodが350米ドル（4万円弱）で、合わせて10万円を切る価格設定となっていますが、メモリーは4GBです。

すでにサービスを開始した国々では、エコノミープランで4Gより多少安価な料金設定を行い、5Gへの利用者の移行を促すという戦略を採っています。今回の5Gの割当てに際しては、認定を受けた携帯事業者に「IoT向けサービスや個人向けサービスも含め、第5世代移動通信システムの多様な利用ニーズに対応した使いやすい料金設定を行うよう努めること」との条件が付されています。

「使いやすい料金設定」という言葉は、やや聞き慣れない表現ですが（通常は「わかりやすい料金設定」）、これはサービス料金、端末価格ともに「低廉な料金」を指向すべきとの意味合いが含まれているためです。

もちろん、4Gから5Gに移行すると、これまでよりも遥かに大量のデータ送受信が発生するわけですが、やり取りするビット単価（同一周波数幅当たりのデータ利用単価）は年々低下傾向にあり、この傾向は5G導入後も続くと思われます。このようなこともあり、米韓の例を見ても、現在の4Gの料金（特にデータ通信料金）に比べて倍増するようなプランでは、消費者には受け容れられにくいと想定されます。

もともと我が国の5G料金は、データ通信大容量プランが焦点になると見られていましたが、2020年3月にソフトバンクが最初に発表したプランでは、既存の4G料金に月額1000円をプラスすれば5Gサービスを受けられるというものでした（大容量プランは上限50GB）。続くNTTドコモの5G料金は、月額500円を追加することで従来より大容量の5G用プラン（5Gギガホ）の利用が可能となるものです（大容量プランは上限100GB）。KDDIグループの大容量プランも、現行の5G大容量プランに月額1000円をプラスすれば容量無制限の5Gサービスを受けられるものとなっています。

いずれのプランにもキャンペーン料金・期間があり、ドコモの5Gギガホの場合、期間中は容量無制限、KDDIグループやソフトバンクは期間限定で料金割引など、各社とも実質月額7500円前後が基本となっています（5G対応端末代は別途、またライトプランや追加的な各種割引キャンペーンあり）。現在はサービス提供エリアが限られていますが、エリア展開が進み、また携帯端末の買い換えサイクルに応じて利用者が増加していくことでしょう。なお、楽天の5Gサービスは2020年6月に開始予定ですが、4Gの料金プランのようにインパクトのあるプランになるのではないかと期待されています。

一方で現在、総務省において携帯料金の低廉化のための検討が引き続き行われており、今後の事業者による料金設定を注視していく必要があります。

◉5G端末は間に合うか

5G対応のスマートフォンなどの端末機器がサービス開始までに準備できるのかも、大きな心配の種だと思います。我が国の端末に搭載する5G通信用のマイクロチップは、クアルコムなどの主要チップベンダーからリリースされています。このため、スマートフォンを含む5G端末の開発やサービス開始までの商用化については、端末ベンダーによって開発方針や発売の時期は異なるものの、各携帯事業者においてもスケジュール面での導入の後れはありませんでした。

先に4Gサービスを開始した米国ではモトローラ、韓国ではサムスン、LG等のスマートフォンが発売されており、日本ベンダー数社でも商用サービス開始までに5G対応のスマートフォンが発売される予定です。

我が国では、ソニーモバイルコミュニケーションズやシャープ、富士通、加えて韓国の2社（サムスン、LG）や中国などの端末が2020年春の商用サービス開始時に発売されました。

アップル社は2019年秋にiPhone11を発売しましたが、これは4G用であり、5Gについては次のモデルでの対応となると言われています。

◉4Gはすぐ使えなくなるのか

5Gが導入されると4Gは使えなくなるのではないか、という質問もよくいただきます。第1章第3節でも述べたとおり、現時点では、4Gネットワークと連携する形で緩やかに5Gへの移行が進んでいくノンスタンドアローン（NSA）という方法により、2030年頃まで4Gと5Gが一部設備を共用して併存しながら携帯ネットワークが進化していきますので、4Gがすぐに使えなくなるという心配は無用です（図表1-6参照）。

さらに言えば、5Gネットワークだけを最初から整備して使えるようにするスタンド・アローン（SA）という移行方法も実用化に向けて国際調整中（リリース16）ですが、2019年6月に基本的報告は行われたものの、詳細を詰めるべき事項を含め、すべての結論が2019年度末現在でなお検討中です。技術的な結論が得られても、これに対応した通信設備が商用化されるまでには多少時間がかかります。そのため、すぐに4Gネットワークが不要になることはありません。

4　さまざまな工夫と割当て後の課題

◉MVNOとの競争を促進

周波数割当てに際して考慮した、そのほかのポイントについてもお話ししましょう。

現在、我が国では、自らネットワーク設備を整備して携帯サービスを提供する全国系携帯事業者（MNO）が4社存在し、競争が行われています。

その一方、自らはネットワーク設備を保有せず、MNOからサービスの提供を受けて携帯サービスを提供しているMVNO（Mobile Virtual Network Operators、仮想移動通信事業者）と呼ばれる、いわゆる格安携帯等の事業者が存在します。通信料金の低下等を促すためには、MNO間は無論のこと、MNOとMVNO間やMVNO同士の競争も重要となります。

このため、今般の5Gの周波数割当てに当たっては、MVNOへのサービス提供をより多く計画している事業者を、比較審査における重点加点項目としたところです。また、MVNOへのサービス提供のための基地局の利用の促進に努めることを、割当ての条件としました。

◉事業者間での設備の共用

5G用周波数の割当てを受けた者は、原則として、自前で開設計画どおりにネットワーク設備の整備を行っていく必要があります。他方、5G用の周波数帯はこれまでの携帯用周波数よりも高いため、一般に電波の到達距離が短く、一局でカバーできる範囲が比較的小さくなることが想定されます。このため、人口過疎地域や非居住地域を含めて全国津々浦々まで5G網を構築するためには、各社とも膨大な設備整備コストがかかると考えられます。

また、都市部ではビル屋上などの携帯基地局の設置場所が不足する一方、地方部では効率的に基地局の設置場所を確保し、カバーエリアを拡大していくことが求められています。

このための方策として重要視されているのが、複数事業者間によるビル屋上、アンテナ、電波塔（タワー）、基地局及び電源など関連設備などの共用（インフラシェアリング）です。

4G時代においても、電波の届きにくい屋内等においては、タワー会社と呼ばれる事業者が各社相乗りでカバーエリアを拡大できる共用設備を整備していましたが、5G時代においては、上述のような事情からこうしたものの役割もより大きくなると言えるでしょう。割当てを受けた事業者同士が共同でネットワーク設備を整備し、利用するニーズは非常に高まると想定されます。

こうした状況を踏まえ、総務省では、2018年12月、設備共用に関する電波法及び電気通信事業法の解釈を整理した「移動通信分野におけるインフラシェアリングに係る電気通信事業法及び電波法の適用関係に関するガイドライン」を策定し、さまざまな設備共用のケースごとに法律上の解釈と手続きを整理・明確化しました。また、インフラシェアリングにより携帯事業者の基地局設置場所の制約を緩和し、早期の基地局整備に資するため、「5G基地局共用技術に関する研究開発」(2020年度予算7億9000万円)を実施する予定です。

現在、NTTグループがタワー会社であるJTOWER社に出資したほか、KDDIとソフトバンクがそれぞれ設備共用に関する協力協定を結んでいると報じられています。また、自治体等が5Gネットワーク整備に必要な設備等を開放し、携帯事業者がこれを有効利用することで基地局の整備を加速させる動きがあり、整備促進に向けた有効な事例として注目されます。

関連する政府の方針として、今後5Gの基地局を道路上の信号機にも整備できるよう取り組んでいくこととしています。これは複数の関係省庁等が連携して研究開発や実証試験等を重ねつつ進めていくことが必要になりますが、実現すればV2X（Vehicle to X、自動車とX〔何か〕との間の通信）が一気に進展する可能性を秘めていると期待されています。

東京都は、5Gの推進について携帯事業者4社のトップと意見交換する「TOKYO Data Highwayサミット」を2019年11月から開始しましたが、この場で5G基地局の設置場所として、信号機、街灯など約1万3000件の都有施設をデータベース化して開放し、現地調査等を調整する各社との窓口を設けることを報告しました。大都市である東京都だからこそ可能な取り組みだという見方もあるかもしれませんが、東京都は日本を代表する国際都市として、5Gの整備をスピード感をもって行うべきとの危機感を携帯各社と共有しました。これにより、公共施設を活用した基地局の早期展開とインフラシェアリングが進展すると期待されています。

◉光ファイバ網の十分な確保

第1章第3節で述べたように、光ファイバ網は4Gネットワークと並んで5Gサービス展開にとって重要な役割を果たします。このため、総務省は、割当て時に5Gネットワーク構築に当たり光ファイバの適切かつ十分な確保に努めるよう条件を付し、また大容量光ファイバ網の整備促進のための「高度無線環境整備推進事業」補助金（2020年度予算52億7000万円）を用意しています。

◉通信事故や災害への対策

最後に、昨今の大規模災害等が頻発する状況も念頭に、災害発生時や故障発生時における通信インフラとしての強靭性を高めるとともに、早期の復旧が可能となるようなネットワーク監視体制や復旧の手順なども検討されています。

これを受け、NTTドコモなど4者に対して、基地局開設計画の認定の条件として、2018年7月西日本豪雨災害や2018年北海道胆振《いぶり》東部地震等での被害による通信障害に鑑み、安全・信頼性の向上に努めることという条件を付した上で、2018年以来通信障害が頻発していたソフトバンクには、過去に発生した重大事故の再発防止策の徹底に努めるよう追加の条件を付しました。

第3章

「静かなる有事」とSociety5・0

前2章では、5Gの基本的な特性や、2020年3月に3社（NTTドコモ、KDDIグループ、ソフトバンク）から商用サービスが開始された全国系携帯事業者への電波割当て等について紹介してきました。

本章では、日本社会を取り巻く諸課題の深刻さと、我が国が5Gを利活用してめざす2030年の社会の姿を示しつつ、これを解決するための取り組みの方向性や、5Gと親和性の高いさまざまな技術や応用分野などについて、「静かなる有事」と「Society 5.0」というキーワードを使って説明します。

1 人口減少・高齢化社会と日本の課題

◉日本衰退の兆候

最初に、我が国が直面している社会状況について振り返ってみます。ここでは①少子化と人口減少、②高齢化の進行、③東京一極集中、④労働人口の不足の4点にまとめました。

①少子化と人口減少

2019年12月、衝撃的なニュースが飛び込んできました。厚生労働省がまとめる「人口動態統計」によると、2019年の出生数が90万人を割り込み約86万4000人に減少したというのです。国立社会保障・人口問題研究所が2017年にまとめた推計では、2019年の予想出生数は92万1000人（総人口ベース）でしたが、90万人割れは2021年（88万6000人）となっていたため、政府予想より2年早いペースでの減少が明らかになりました。

我が国が人口統計を取り始めたのは日清戦争と日露戦争の間に当たる1899年で、現在の人口動態統計とは手法が異なりますが、この頃の出生数は約138万人でした。その後、出生数は1949年前後の第一次ベビーブームの269万7000人をピークに減少に転じ、現在の出生数はその約3分の1になった計算です。

近年の状況では、日本の出生数は1974年には200万人を超えましたが、翌1975年には200万人を割り込み、その後1980年まではほぼ毎年10万人のペースで出生数が減少してきました。1984年に150万人を割り込んだ後も減少は続き、2016年についに100万人を下回りました。この結果、総人口も2008年にピークアウトし、太平洋戦争前後を除けば明治維新後初の減少ステージに入りました（図表3-

図表3-1　我が国における総人口の長期的推移と推計

■我が国の総人口は、2004年をピークに、今後100年間で100年前（明治時代後半）の水準に戻っていく。この変化は、千年単位でみても類をみない、極めて急激な減少。

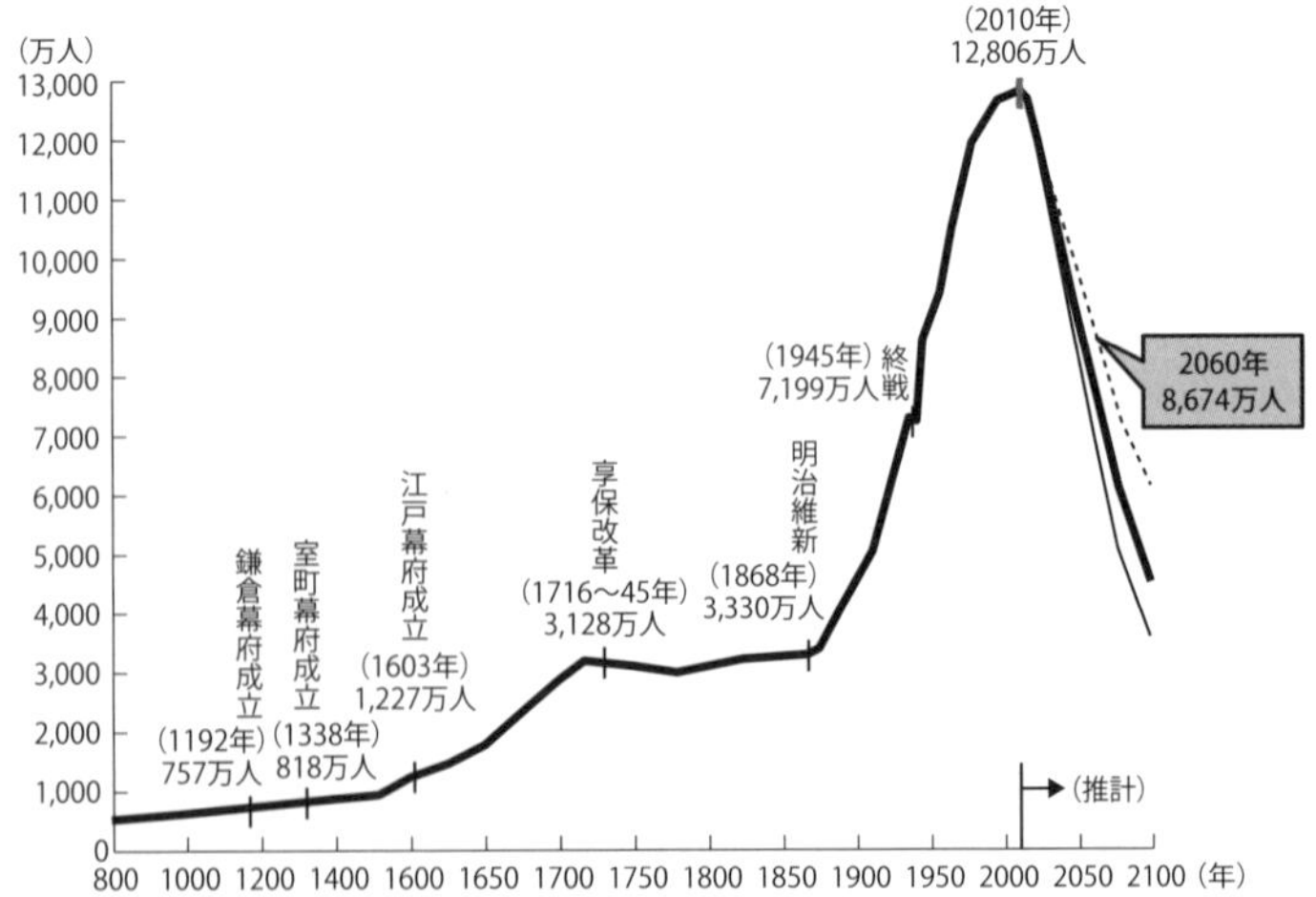

（出所）「国土の長期展望」中間とりまとめ 概要（2011年2月21日国土審議会政策部会長期展望委員会）より作成

1）。

　1993年から2016年までの間は、出生数の減少が緩やかになっていますが、これは、1970年前後に生まれたいわゆる「団塊の世代ジュニア」が、結婚・出産適齢期だったことによります。しかし、団塊の世代ジュニアが40歳代に入ると、出生数は再び減少のペースを速めています。

　2・07人が人口減少の境目（人口維持可能な出生率）となる合計特殊出生率

は、1990年代以降は2005年の1・26を底に、また2012年以降1・4前後に微増するなどほぼ同水準で推移しています（最も高い沖縄でも1・9であり、2・07には及びません）。合計特殊出生率が定常的に推移していることから、現在の人口減少傾向は、「団塊の世代ジュニア後」の出産適齢期の女性の減少を反映した出生数の減少に伴い、残念ながら今後さらに加速していくことが予想されます。

興味深いのは、結婚している夫婦当たりの出生数は1・90であり、ここ最近あまり変化がない一方で少子化が進んでいることです。これは、晩婚化や生涯未婚の人口が増えていることを示しています。

少子化のインパクトは、経済成長を減速させるのはむろんのこと、さまざまな分野での人材確保が困難になることです。すでに我が国は人手不足社会に突入していますが、今後この傾向には一層拍車がかかることでしょう。産業分野しかりスポーツ人口しかり、地域の住民数しかり、人口の争奪戦が熾烈を極めることは予想に難くありません。

②高齢化の進行

高齢化の現状に目を向けると、少子化の影響に加え、人生百年時代に象徴される平均寿命の伸びを反映して、65歳以上の高齢者人口（老年人口）は２０１８年に総人口の28・1％を占め、２０２０年には高齢化率は29・１％、２０３５年には33・４％に達すると推計されています。３人に一人が高齢者となる社会が予想されています。

高齢者の年齢構成を見ると、２０１８年には65歳から75歳までの高齢者数を、75歳以上の高齢者数が初めて上回りました。現在、両者はおおむね１対１の割合ですが、今後は75歳以上の割合が増え、２０５０年頃にはこの比率が１対２と「高齢者の高齢化」が進んでいくと予測されます。

高齢化の進行は、社会保障コストの増大や老老介護問題、独居老人の貧困や孤独死などさまざまな面で社会的なリスクを増大させます。年金についても、減少する若年層の負担増を通じて、社会の活力低下をもたらしかねません。

③東京一極集中

東京圏では毎年10万人強の人口流入過多の事態が生じていますが、名古屋圏や阪神圏はそれほどでもありません。これが東京一極集中です。現在の傾向は、地方から進学や就職等で若年層が多数流入している一方、東京圏から地方に流出する者も一定数存在するものの、特に高齢者の地方への転居は非常に少ない状況です。2019年10月1日現在の人口推計では、全国40都道府県で人口が減少する中、東京都は6年連続全国で最も増加率が高くなっています。

この構図は今後しばらく続くでしょうが、そもそも都市部と同じように少子化が進む地方の若年層には限りがあり、東京圏に流入する総数は減少していくと想定されます。これが進んでいく先には、まず東京圏で流入超過が止まるものの、地方での若年層人口は引き続き減少する段階があり、その後は東京圏自体の少子化・高齢化による人口停滞に進み、最終的には東京圏から各地方への流出超過への転換すら見られるかもしれません。

④労働人口の不足

総務省の人口推計によれば、2018年10月1日現在の日本の総人口は1億2644万人と8年連続で減少する一方、15歳から64歳までの生産年齢人口は7545万人と、現在人口比59・7%です。生産年齢人口は、いわゆる労働人口に相当するもので、この総人口に占める割合は、バブル時代末の1992年に69・8%を記録して以来、下降を続けています。1950年と同じく最低の水準となりました。

他方、同じ統計で65歳以上の人口は３５５７万人余り、総人口比28・１％と過去最高を更新、15歳未満の人口は１５４１万人余り（総人口比12・２％）と過去最低を記録しました。今後は女性や65歳以上の高齢者による労働人口の増加は予想されるものの、生産年齢人口は２０５０年には４９３０万人（総人口比51・８％）に減少、高齢者労働人口など潜在層を含めた労働者層についても２０６０年には４４１８万人（総人口比50・９％）と、減少の一途をたどると予想されています（図表３-２）。

労働市場の逼迫動向を見てみましょう。１を超えると人手不足となる有効求人倍率は、２００９年のリーマンショック時に０・47と底を打った後、純増し、２０１９年１月には１・63まで上昇しています。地方別では、東京都と福井県の２・12が最も高く、神奈川県（１・20）、北海道・高知県・沖縄県（１・23）が低くなっています。

分野別では、一般事務の０・38に対し、接客・給仕が２・96、介護サービスは３・61、建築・土木・測量技術者が６・82と職種ごとの格差が大きく、また拡大する傾向にあります。失業率も２・５％台と低く、このこと自体は悪いことではなく、むしろ好材料ですが、産業分野によって格差が生じていることは、特定の社会機能が失われる可能性にもつながるリスクをはらんでいます。国内の人員で賄う場合、大規模な省力化や合理化が必要になります。

図表3-2　年代別の人口推移（2015年）

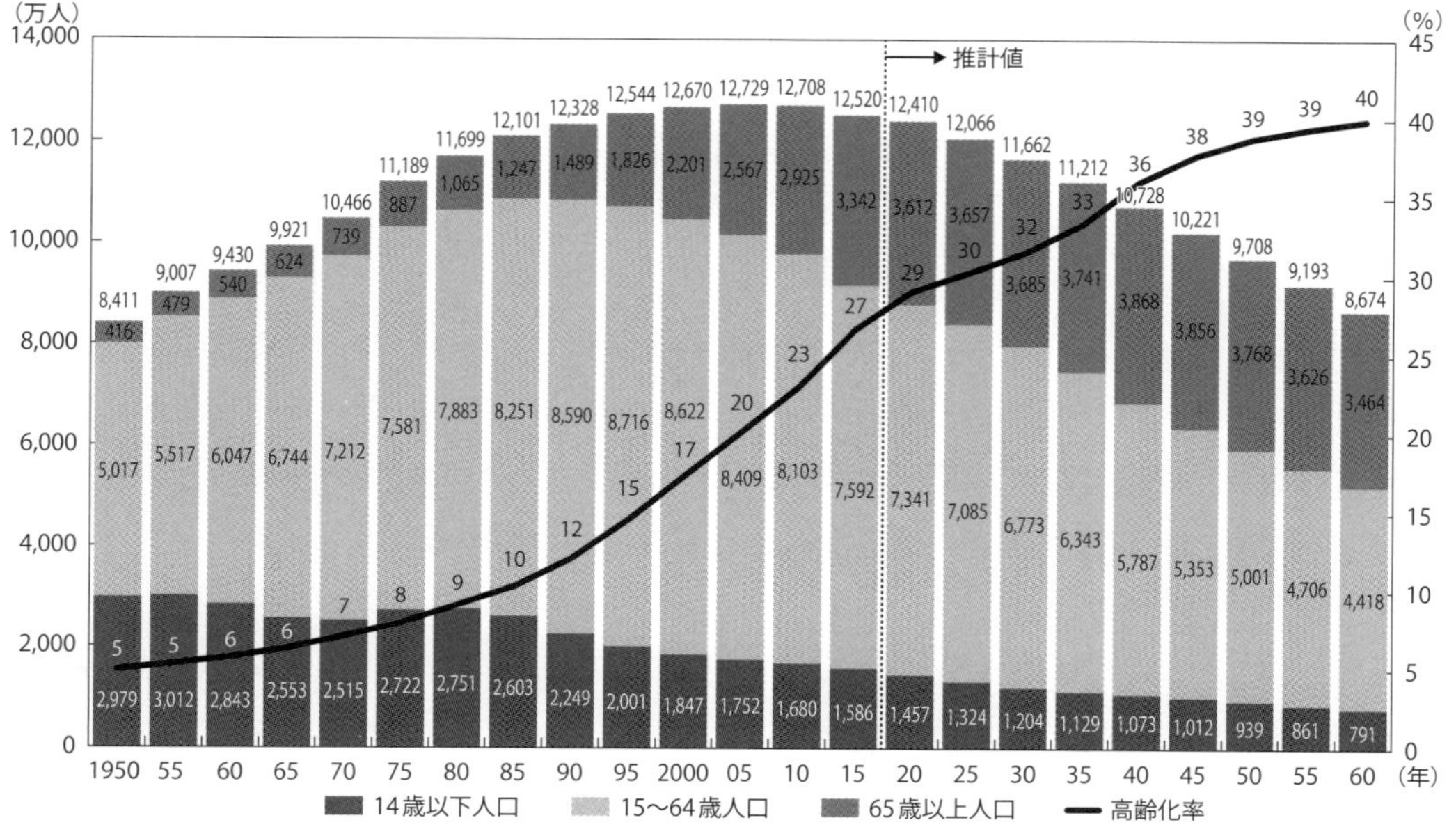

（出所）2015年までは総務省「国勢調査」（年齢不詳人口を除く）、2020年以降は国立社会保障・人口問題研究所「日本の将来推計人口（平成24年1月推計）」（出生中位・死亡中位推計）

一方、人口が集中する東京圏でも、前述のように、毎年流入する地方の若年労働者層に余裕がなくなりつつあります。今後、流入するのは高齢者が中心になり、いずれは東京圏自体の労働人口も減少に向かうとも考えられています。日本中で「人が足りない」現象が起きているのです。

以上のように、日本ではOECD諸国の中でも「どの国も経験したことのない」少子化・高齢化が進んでいます。「2025年問題」と呼ばれる、団塊の世代がすべて75歳以上となり社会保障費が大きく膨らみ始めることも含めて、人口減少と高齢化がボディブローのように国力の減退に作用してくることが懸念されます。

◉所得が上がらない

日本経済は、1990年代のバブル崩壊後の〝失われた20年〟を経て、名目所得や賃金がほぼ横ばいで推移するという新しい段階に入りました。これには、資本市場や株主へのIR（インベスター・リレーションズ）対策として企業が内部留保を積極的に積み増し、労働分配率が下がってきているという側面もありますが、一つの主要因は、長期的にデフ

図表3-3　主要先進国の名目賃金推移

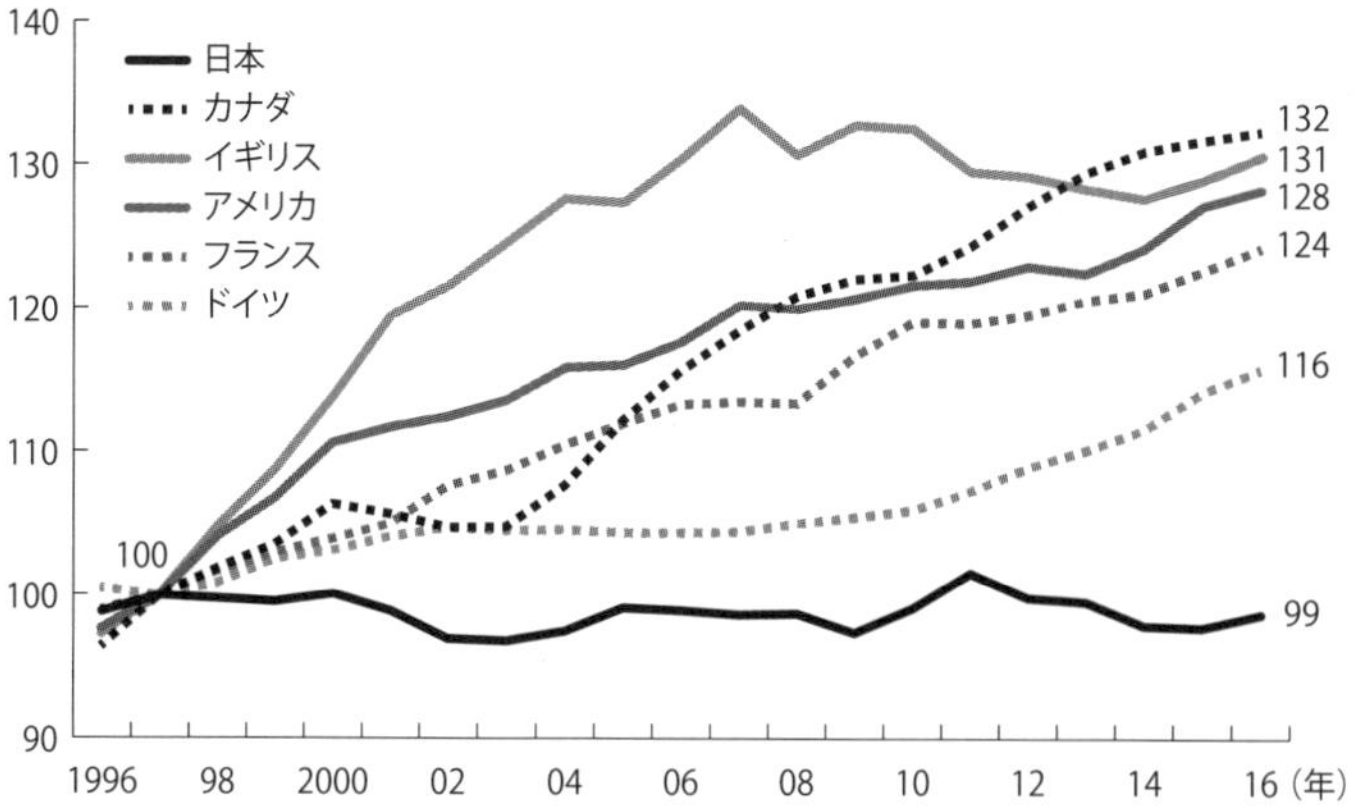

（注）1997年を100とする
（出所）OECD「Average wages」

レスパイラルに陥り、物価・賃金ともに上がらなかったことにあると言われています。

図表3－3は1996年から2016年までのOECD各国における一人当たり名目賃金（米ドル）の推移の比較です。日本の一人当たりGDPは他国に比して増加どころか微減傾向にあることがわかります（1990年から比較すれば、若干のプラス）。もちろん、この間、日本ではデフレが進んでいるので、実質的な一人当たりGDPに近い各国の購買力平価（PPP）ベースで比較すると、各国と同様に微増傾向にあります。

ただし、一人当たり名目GDPも賃金の絶対金額も上がっていないのは確かなので、国民の皆さんが豊かさを実感するのは、そう簡単ではないかもしれません。

こうした中で、日本全体の生産性向上が急務だという議論が聞かれるようになりました。5Gを含めICT（情報通信技術）の活用は、生産性が低いとされる農林水産業や宿泊・飲食業、建設業、運輸業などにとどまらず、多くの産業や公共サービスで必須の課題となっています。

◉我が国の「静かなる有事」

「静かなる有事」とは、河合雅司氏が著書『未来の年表』（講談社現代新書、2017年）の中で名付けた、人口減少・高齢化社会においてさまざまな課題や弊害が想定される社会状況を表す言葉で、一躍時代のキーワードになりました。『未来の年表』では、人口問題研究所の予測データなどに基づき興味深い分析と問題提起を行っています。

図表3-4は『未来の年表』の一部を抜粋させていただいたものですが、これによると2024年には3人に一人が65歳以上、かつ6人に一人が75歳以上という「超・高齢者大国」になり、2025年にかけて老老介護負担、社会保障費がピークを迎える、いわゆる「2025年問題」が顕在化します。

図表3-4　2042年の社会

■少子高齢化の深刻化等により、今後我が国は「静かなる有事」を迎える

年	起こること
2023	企業の人件費がピークを迎え、経営を苦しめる 労働力人口が5年間で約300万人も減る一方、団塊ジュニア世代が高賃金をもらう50代に突入
2024	3人に1人が65歳以上の「超・高齢者大国」へ 全国民の6人に1人が75歳以上、毎年の死亡者は出生数の2倍。老老介護がのしかかる
2025	ついに東京都も人口減少へ
2026	認知症患者が700万人規模に
2030	百貨店も銀行も老人ホームも地方から消える 生産年齢人口が極端に減り、全国の都道府県の80%が生産力不足に陥る
2040	自治体の半数が消滅の危機に
2042	高齢者人口が約4000万人とピークに 就職氷河期世代が老い、独居高齢者が大量に生まれる2042年こそ「日本最大のピンチ」

➡ ICTによる少子高齢化、労働力人口減少等への対策が必須

（出所）上記年表は河合雅司『未来の年表』（講談社現代新書、2017年）より抜粋

２０２５年にはついに東京都も人口減少へ。地方の過疎化と国土利用の縮小はますます深刻化します。

２０３０年には、百貨店も銀行も老人ホームも地方から消えるとともに、統計的に生産年齢人口が極端に減少し、全国の都道府県の80％が生産力不足に見舞われます。

２０４０年にはついに自治体の半数が消滅する、いわゆる「自治体消滅」の状態が起こります。

２０４２年、高齢者人口は

約4000万人、就職氷河期世代が老いを迎えて独居高齢者が大量に生まれるという、大きなピンチが訪れます。

これは、あくまで現在の人口統計等に基づく予測ですが、すでに事態が進行している以上、対応が急がれます。5Gを活用した取り組みは、これまでになかった課題解決へのアプローチを可能にするものであると思います。

◉多発する災害等

人口からまったく話は変わりますが、近い将来に大規模震災や新型コロナウイルスのような疾病流行などが発生する可能性にどう対応していくかという問題が最近、クローズアップされています。

図表3-5に示すとおり、最近は特に甚大な被害をもたらす災害が増えています。この分野でBCP（Business Continuity Plan、事業継続計画）対策として職場でリモートワークを行う、地域にテレワーク拠点を展開するほか、地域で遠隔診療や遠隔教育を実施するなど、5G、ICTが果たす役割の重要性は言うまでもありません。詳しくは第2節以降で順次述べますが、災害の予兆を速やかに予測・検知し、災害発生時や復旧時に迅速な対応

図表3-5　最近の主な自然災害

時期	災害名	主な事象
2014年9月	御嶽山噴火	登山者に多数の被害。58名死亡。
2015年9月	関東・東北豪雨	関東、東北地方で記録的大雨。鬼怒川等が氾濫。
2016年4月	熊本地震	熊本県益城町等で震度7。死者・行方不明者67名。
2016年8月	台風第10号	北海道、東北で死者・行方不明者27名。
2018年7月	西日本豪雨災害	広島、愛媛、岡山等西日本を中心に記録的大雨。死者・行方不明者271名。
2018年9月	北海道胆振東部地震	北海道厚真町で震度7。死者・行方不明者43名。
2019年10月	台風第19号	関東甲信、東北地方で記録的大雨。千曲川、阿武隈川等が氾濫。死者・行方不明者102名。

（出所）総務省作成

を行うことが必要です。その時、5Gや監視カメラ等の高精細映像、センサーネットワークなどのICTが非常に重要になります。

なお、やや逆説的ですが、将来的には「災害大国日本」として、我が国で実経験を基に培われた災害対策に関わる対応ノウハウと防災・減災に資するICTインフラ等をパッケージ化して輸出することも、産業として十分に考えられると思います。

◉5G利活用は総力戦で

我が国の現状について悲観的な点ばかりを挙げてきましたが、これらは地方・都市を問わず他人事ではありません。とはいえそれは、あくまで何も対策を講じなければ、の話です。

5Gはこれらの悲観的な見通しをよい方向へと変えるパワーを持った技術であると先ほど述べました。それを都市部のみならず地方でも実現していくことが課題だと考えています。

2019年の5G電波割当てにより、2021年春までには全都道府県でサービスが開始され、2024年春頃までに我が国国土の98％の地域メッシュへのサービス提供が可能となり、携帯事業者が地域ニーズを踏まえて柔軟なサービス提供を行っていくという近未来像は、第2章で見てきました。98％のカバーエリアのうち人口密集地域など経済効率性の高い地域では、一般消費者向けの超高速ブロードバンドを中心としたサービスが遅かれ早かれ提供されるであろうことは、過去の経験から見ても明らかです。

一方、懸念があるとすれば、カバーエリアのうち、必ずしも経済効率性が高いとは言えない地域（とりわけ非居住地域）への5Gサービス提供の見通しです。というのは、端的に言えば、人口減少などでより深刻な課題が存在する地域が実際には早期に5Gサービスの恩恵を受けられなくなる懸念もゼロではないためです。

もしそうなってしまうとすれば、地域住民や自治体等だけでなく、携帯事業者にとっても極めて切実な問題となります。電波割当てに当たり非居住地域へも5G基盤（5G高度特定基地局）を面的に整備する計画を示している携帯事業者の側も、人口過疎地域や非居住地域での利活用がなければ、せっかく、くまなく整備した5G基盤が遊休状態になり、経営面に悪影響を与えてしまう可能性があるからです。

このように5Gを地方の課題解決に活かしていくことは、いろいろな意味合いを含んでいます。その実現のためには政府や地方自治体、関係団体といった「官」が状況に応じさまざまな支援を行っていくことはもちろんのこと、大学や高専、工業高校などの「学」、携帯事業者や企業などの「産」、住民や地域団体、NPOなどの「民」、地域金融機関をはじめとする「金」という産学官民金が連携した、総力戦の形が不可欠だと考えています。

2　Society 5.0とは何か

◉社会はどう進化してきたか

最近耳にすることの多い「Society 5.0」は、我が国の国家戦略における新しい社会の姿、近未来社会のビジョンです。

Society 5.0は、その名のとおり第5段階の社会像のことで、人類がこれまで築

図表3-6　Society 5.0で実現する社会

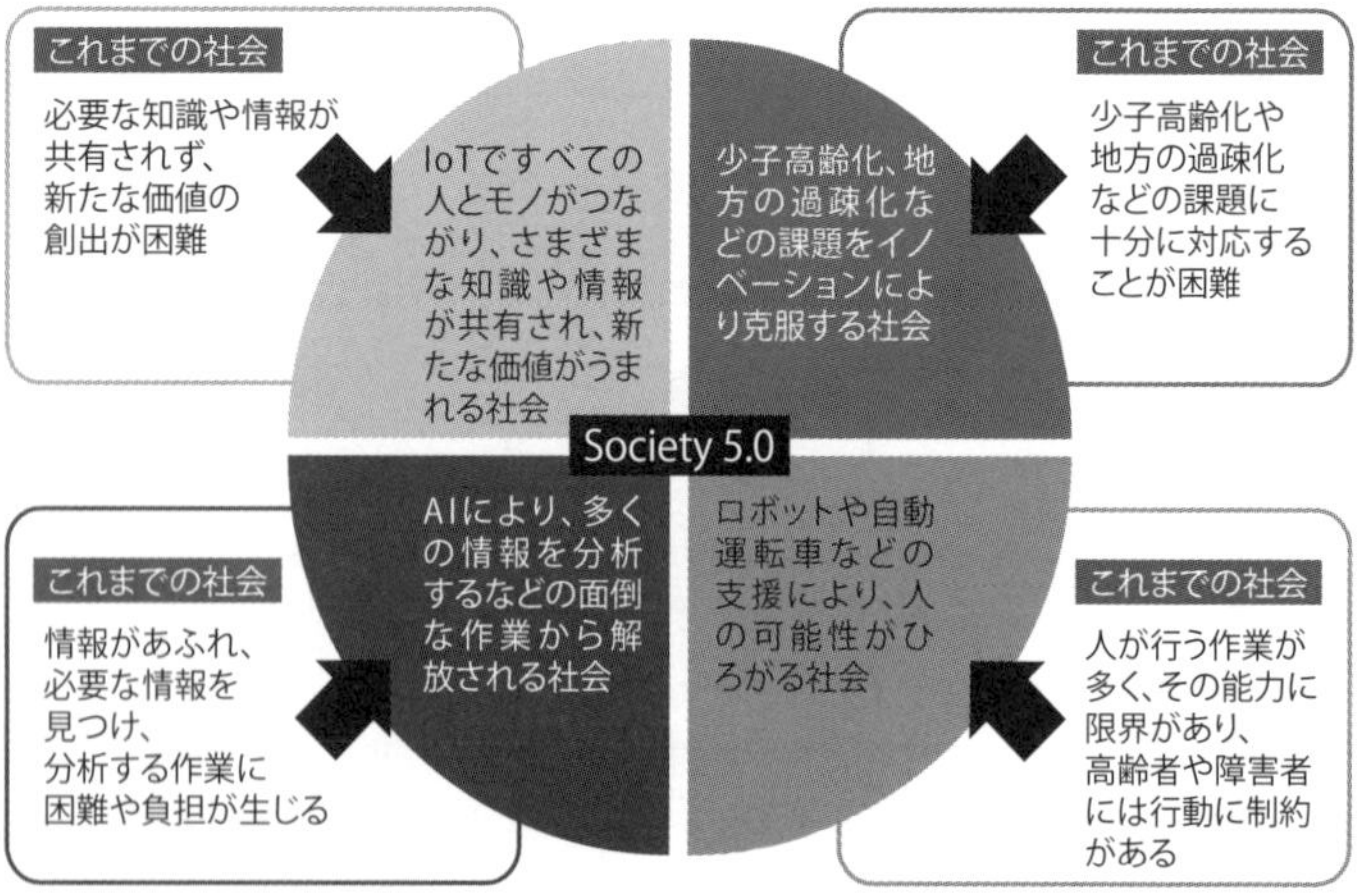
これまでの社会
必要な知識や情報が
共有されず、
新たな価値の
創出が困難
IoTですべての人とモノがつながり、さまざまな知識や情報が共有され、新たな価値がうまれる社会
これまでの社会
少子高齢化や
地方の過疎化
などの課題に
十分に対応する
ことが困難
少子高齢化、地方の過疎化などの課題をイノベーションにより克服する社会
Society 5.0
これまでの社会
情報があふれ、
必要な情報を
見つけ、
分析する作業に
困難や負担が生じる
AIにより、多くの情報を分析するなどの面倒な作業から解放される社会
これまでの社会
人が行う作業が
多く、その能力に
限界があり、
高齢者や障害者
には行動に制約
がある
ロボットや自動運転車などの支援により、人の可能性がひろがる社会

（出所）内閣府資料より作成

いてきた4段階の社会、つまりSociety 1・0の狩猟社会、2・0の農耕社会、3・0の工業社会、4・0の情報化社会に続く「データ駆動型」の新たな社会のことです。

この基本的な概念や詳しい内容については、内閣府のホームページに記載がありますが、第1章第2節でも触れたように、「インターネット上のサイバー空間（仮想空間、Web）とフィジカル空間（現実空間）を高度に融合させたシステムにより、経済発展と社会的課題の解決を両立する、人間中心の社会」と定義されています。以下は、内閣府のHPからの抜粋です。

Ｓｏｃｉｅｔｙ５・０で実現する社会

これまでの情報化社会（Ｓｏｃｉｅｔｙ４・０）では知識や情報が共有されず、分野横断的な連携が不十分であるという問題がありました。人が行う能力に限界があるため、あふれる情報から必要な情報を見つけて分析する作業が負担であったり、年齢や障害などによる労働や行動範囲に制約がありました。また、少子高齢化や地方の過疎化などの課題に対してさまざまな制約があり、十分に対応することが困難でした。

Ｓｏｃｉｅｔｙ５・０で実現する社会は、ＩｏＴですべての人とモノがつながり、さまざまな知識や情報が共有され、今までにない新たな価値を生み出すことで、これらの課題や困難を克服します。また、人工知能（ＡＩ）により、必要な情報が必要な時に提供されるようになり、ロボットや自動走行車などの技術で、少子高齢化、地方の過疎化、貧富の格差などの課題が克服されます。社会の変革（イノベーション）を通じて、これまでの閉塞感を打破し、希望の持てる社会、世代を超えて互いに尊重し合える社会、一人一人が快適で活躍できる社会となります。

（内閣府ホームページ　https://www8.cao.go.jp/cstp/society5_0/index.html）

◉情報化社会（Society4・0）の深化

Society1・0から4・0までの世界はある程度理解しやすいと思いますが、この説明だけでは4・0と5・0の違いがわかりにくいかもしれませんので、もう少し具体的に説明します。

まずSociety 4・0は基本的にインターネット上のサイバー空間を人間がどう利用するかという社会でした。オンライン・ショッピングやインターネット・ブラウザを通じて情報を入手する、あるいはサイバー空間から入手した情報を現実空間で加工するなど、サイバー空間を楽しむというイメージです。

対するSociety 5・0は、現実社会のモノ、場所、コトから収集されるリアルなデータが、インターネット上のサイバー空間でAIなどを使って解析処理されて価値を生み出し、それが現実空間にフィードバックされて効率化や生産性の向上、課題解決などの好影響を及ぼす、二つの空間が相互に関連した社会というイメージです。

この新しい社会の実現にはさまざまな要素が絡んできますが、あらゆるものがインターネットでつながるIoTの活用イメージを考えれば、最もわかりやすいでしょう。

IoTは、人・モノ・コト、映像・画像カメラやセンサー群、インターネット、AIやデータベースサーバなどのクラウドからなり、しばしば人体にたとえられます。センサー群等は人・モノ・コトを感知する感覚器官、AIやサーバは脳、インターネットは神経系、ビッグデータは神経を流れる信号、これらとつながるロボットやドローン等は手足というわけです（ソフトウェアやAIのアルゴリズムは、神経伝達ホルモンや言語でしょうか）。

IoTの典型的な利活用としては、たとえば災害対策の分野において、昨今、台風やゲリラ豪雨による河川氾濫などの被害が甚大化し、河川水量等の正確かつ迅速な把握・予測が求められています。すでに一級河川などには要所に河川監視カメラが設置されるケースが増えていますが、水面の現状をカメラ映像で知るだけではなく、河底や河川周辺地図などの地形データや予想される降雨量、水位などのIoTデータと合わせて、高精細化した映像データをインターネット上のクラウドサーバやAIで解析することで、各流域系ごとの下流河川への流入許容水量をいち早く予測し、早期の減災や避難対策に活用することなどが考えられます。

こうしたIoTの高度な活用は、「スマート〇〇」という形で、農業・畜産業・水産業などの第一次産業、製造業、物流、エネルギー、医療介護、モビリティ（移動手段）、インフラ点検などさまざまな場面において、AI、ロボット、ドローン等と組み合わせて実現される可能性を持っています。現在は試行錯誤を重ねる黎明期から普及期に差し掛かっている段階と言えます。

また、現実の世界にあるモノをサイバー空間上に作り出す「デジタルツイン」というコンピューティングスタイルも、Ｓｏｃｉｅｔｙ５・０の象徴的な事例として挙げられます。ツインとは双子の意味で、デジタルツインとは「現実世界と対をなす双子」ということです。

たとえば、橋やビルなどの建築物や設備を建設した場合、サイバー空間上に構造や材質、重量などを考慮した仮想の建築物をコンピュータグラフィクス等で製作すると同時に、実物には各種ＩｏＴセンサーを取り付けて、温度や湿度、消費電力、人や車両、機材等による荷重などのデータを集めて計算し、サイバー空間上で建築物への影響を解析することができます。

これにより、インターネット上で「実物」の建築物の経年劣化や破損の可能性など少し先の未来を仮想的に予測することができます。加速度計や風速計、交通量等のデータを加算すれば、実際にどのように橋が揺れるのかや、損傷がどのように進むのかなどのシミュレーションも可能です。この結果、建築物の維持管理の計画づくりが高い精度でできるようになります。

Society 4・0と5・0の区別は絶対的ではなく相対的なもので、インターネットの歴史から紐解けば、まず人がインターネット越しにさまざまな情報を主に受け手としてやりとりをする段階がありました。その後「ウェブ2・0」へと移行します。利用者は、たとえばSNSやWikipediaでするように、インターネット上で自由に情報を発信したり、共同で「知」の集積や相互共有を行ったりすることができるようになりました。「ウェブ2・0」は、ウェブ利用の領域や行動が拡大する段階と言えるでしょう。

梅田望夫氏は『ウェブ進化論』（ちくま新書、2006年）で、ウェブ2・0を「ネット上の不特定多数の人々（や企業）を、受動的なサービス享受者ではなく能動的な表現者と認めて、積極的に巻き込んでいくための技術やサービス開発姿勢」と定義しています。これがSociety 4・0の時代です。

これと並行して、人がインターネット空間上のサーバに情報を蓄積し、これを必要な時に加工し取り出す、いわゆるクラウドネットワークの利用という形で、人とサイバー空間の間の能動的な双方向化が大きく進んできました。

Society 5・0は、こうした大きなインターネット利用の変遷・深化の行き着く先の状態であると言えます。インターネット、サイバー空間が現実社会に対して及ぼす影響

図表3-7　Society 5.0におけるサイバー空間とフィジカル空間の高度な融合

フィジカル（現実）空間から**センサー**と**IoT**を通じてあらゆる情報が集積（**ビッグデータ**）
人工知能（**AI**）がビッグデータを解析し、高付加価値を**現実空間**に**フィードバック**

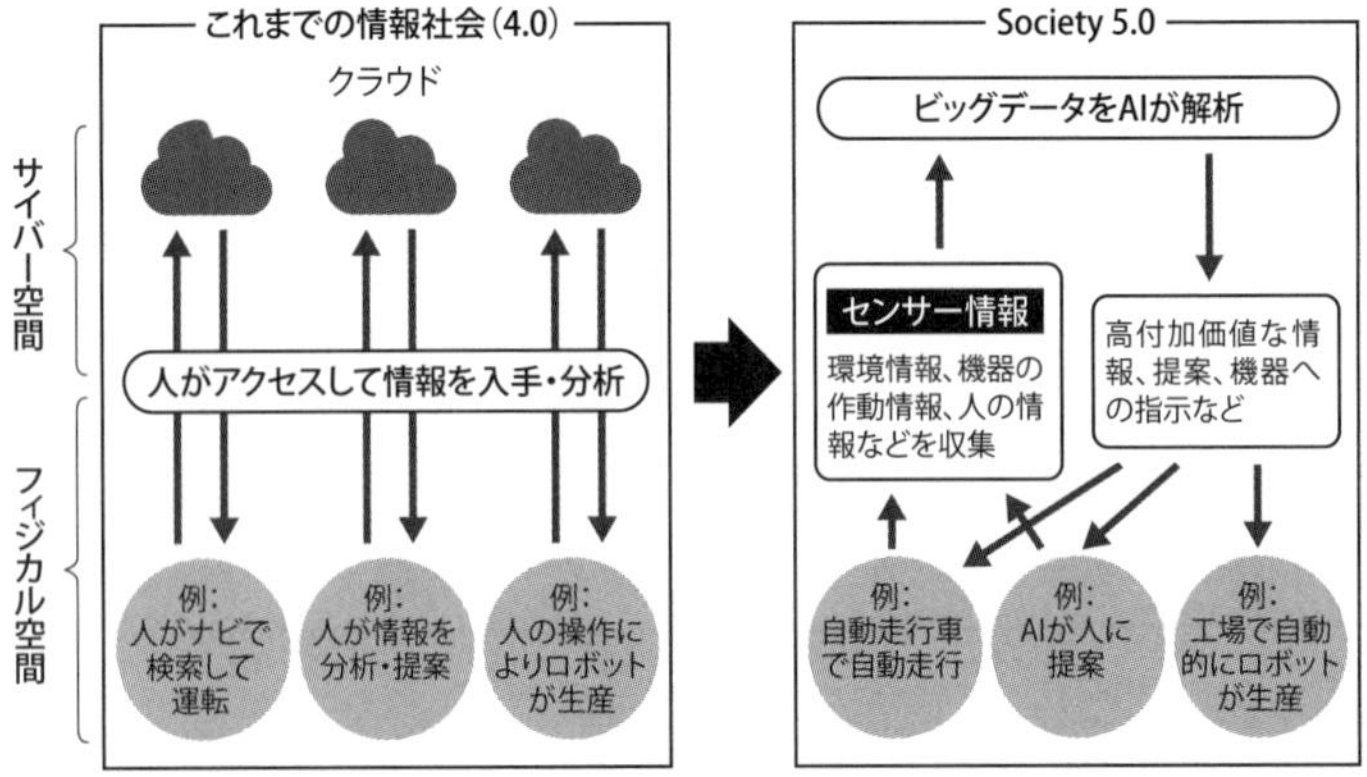

（出所）内閣府資料より作成

の度合いは今後拡大していくと見られ、いずれは現実空間とサイバー空間が迅速かつ相互に作用し合うような、融合の段階に至ると想定されています。この融合により、さまざまな課題解決を可能にするシステムは、サイバー・フィジカルシステム（CPS：Cyber-Physical Systems）と呼ばれます。

◉IoTの現状と課題

Society 5.0では、IoTが基本的なツールとして非常に重要な役割を果たしますが、では、ホームセキュリティなどの分野から始まり、黎明期から普及期にあると言われるIoTの現在地点は、どこなのでしょう。

２０１７〜18年度の総務省の「地域ＩｏＴ実装状況調査」においては、地域内のさまざまな分野においてＩｏＴの実装に向けた取り組みを開始している地方自治体は十数％に留まっています。導入が進まない原因としては、予算の制約、人材の不足、情報の不足が挙げられるほか、情報の不足の内容として、①具体的な利用イメージ・効果が明確でない（65・５％）、②効果・メリットが明確でない（63・４％）という回答が多く寄せられています。

この傾向は今後とも続くのでしょうか。筆者は必ずしもそうは思いません。個人などが自発的に始めるＩｏＴの取り組みの例をしばしば見てきたからです。

少々個人的な話になりますが、筆者は陶芸（作陶）を趣味にしています。焼き物を焼成する窯には、薪窯、ガス窯、電気窯などがあり、薪窯は誰もが認める「味のよい」作品ができあがる窯ですが、ガス窯や電気窯に比べて人手や材料などの手間暇がかかる上、安定した焼成が難しいのです。このため、最近は薪窯を使わないプロも増えていますが、もしある程度薪窯の状態を安定的に制御できれば、上がりがよい作品が歩留まりよく製作できることになります。

そこで、青磁という歩留まりの悪い焼き物のプロだった筆者の師匠が導入したのは、窯内の温度や酸素濃度、蓄積熱量等をセンサーでリアルタイムに測定する「薪窯IoT」でした。驚くべきことですが、その導入はかれこれ20年以上前になりますから、当時はセンサーも高く、田宮模型（現タミヤ）や地元のソフトウェア企業と行った開発費用だけでも1000万円のオーダーだったと聞きます。

このセンサー監視ネットワークの導入後、これまで3割（100個焼いて約30個の収穫）前後だった歩留まり率が劇的に向上しました。職人の感性という暗黙知が見える化・可視化されて、科学と感性の調和が実現したのです。もちろんこの時には、IoTという言葉はまだありませんでした。

もう一つの実例は、鳥獣被害対策へのIoTの導入です。猪・鹿・猿等による農作物等の被害額は、2017年で約164億円に上ります。200億円台を記録した2009年をピークに微減しているものの、引き続き深刻な問題となっています。これに対し、一部の自治体では田畑の周辺の柵や罠にIoTセンサーを取り付け、鳥獣が侵入または罠にかかった時、センサーから信号がサーバに送信され、これが速やかにハンターの団体である猟友会や農家、自治体などの携帯端末にメールで連絡が行くようにしています。そうすることで農作業に害を為す鳥獣の迅速な把握や捕獲が可能になります。
猟友会の面々でこのシステムがIoTだと知っている方はあまりいないかもしれません。しかし、実際に長野県塩尻市ほか各地で同様のシステムが横展開され、大いに役立っています。

強調したかったのは、IoTという言葉や技術を前提に、どう使おうかと考えなくとも、「必要は発明の母」の教えの通り、「気づいたらIoT」という導入が理想でしょう。ただし、必要を実用に変えるために、どのような課題解決の道具やツールがあるか、より具体的にはセンサーネットワークを使うというアイデアがあることについて、多少なりともあらかじめ知っておかなければなりません。

最近ではIoTも使いこなされた「枯れた技術」になりつつあり、センサーが数十円から利用でき、大容量クラウドやAIもサービスとして安価に利用できる環境になり、通信事業者やISP（インターネット接続事業者）、SIer（システムインテグレータ）など、大小さまざまな事業者が低廉なIoTサービスを提供しています。

実用分野でも、上記で見たとおり、農業IoTや水産IoT（さらには鶏舎・牛舎・豚舎IoT）、スポーツIoT、次章で詳しく述べる製造IoT（スマートファクトリーの一環）、防災ＩｏＴ、安心・見守りＩｏＴ、交通管理ＩｏＴ、公共施設・インフラ点検ＩｏＴなどが続々実用化されています。それ以前に、個人のスマートフォンやウェアラブル端末から生体情報を集めて健康管理に役立てるなどの身近な取り組みも進んでいます（新型コロナ対策にも利用できるでしょう）。平たく言えば、センサーで自動的に情報収集をするだけですから、当然さまざまな用途に広がっていくものなのです。鍵はやはり、どう気づき得て、それをどう形にしていくかという思考回路になります。

◉Society５・０の実現は２０２０年代後半から２０３０年代

本節でＳｏｃｉｅｔｙ５・０について長々と触れてきたのは、５Ｇがそれを実現するために必要不可欠な情報通信ネットワーク基盤だからです。より多数かつリアルタイムのＩｏＴを実現する同時多数接続や超低遅延はもちろん、高精細の画像・映像の解析を可能にする大容量通信も含めて、５Ｇの特性が十全に発揮される社会がＳｏｃｉｅｔｙ５・０なのです。

逆に言えば、さまざまな地域課題を５Ｇとサイバー・フィジカルシステムという高度なＩＣＴシステムで解決できるような社会を、Ｓｏｃｉｅｔｙ５・０と呼ぶと理解しても差し支えないでしょう。

Society 5・0が今後我が国がめざす革新的な社会像を示している以上、社会全体が新たな段階に移行する道のりはある程度長期間にわたると考えられます。この基盤となる5Gについても、全国隅々まで展開され4Gから5Gへの移行が完了する時期を見据えると、社会の各分野におけるSociety 5・0の本格的な実現は、2020年代後半から2030年頃になるものと想定されています。

その意味で、Society 5・0が適用可能な分野は、現時点ではいわば専用レーンを走るターボエンジンを備えたスーパーカーのようなものと言えるでしょう。

あらゆるものがインターネットにつながり、社会の隅々にまでサイバー・フィジカルシステムが浸透することで社会的な便益が高まる分野は、今考えられている範囲よりも拡大していくと思われます。技術的な可能性だけでなく、関連システムの低廉化や技術的な習熟度が進む一方で、ユーザの側で使いこなせるかどうか、技術的に可能となった各種のサービスそのものを受け入れられるかどうかという問題も同時に解決されることが大きな鍵を握るでしょう。

もちろん5G時代でも、すべての社会経済活動がサイバー・フィジカルシステムを経由するわけではありません。インターネットを経由しない用途（例：高精細映像の単純な遠隔伝送など）もありますので、こうした分野も含めて、５Ｇが切り拓くことのできる新たな領域はまだまだ未知数であり、今後の利活用のユースケース構築に向けた取り組みが、ますます重要になってきます。

3　５Ｇと親和性の高い技術・分野

◉５Ｇは分野を横断する「横串」

前２節で述べたとおり、５Ｇは情報通信の新たな基盤ネットワークであると同時に、さまざまな社会課題解決のために非常に効果的なＩＣＴツール（道具）です。このため、これまでのスマートフォン利用を中心としたＢ２Ｃ（消費者向け）はむろんのこと、Ｂ２Ｂ（企業間）やＢ２Ｂ２Ｃ（企業間連携による消費者向け）においても、５Ｇをどのように活用していくか、その利活用モデルの確立と利活用事例の迅速な普及展開は重要です。

これは各国共通の課題ですが、我が国では５Ｇの通信ネットワーク設備の展開の面では現時点では必ずしも世界一とはいえない一方で、さまざまな社会経済分野での５Ｇ利活用事例の開発や実証の面では、早くから政府、携帯事業者、ユーザ企業、自治体等が協力して、重層的なユースケース開発に取り組んできました。

◉地域課題の八つの重点分野

総務省では2017年に「ICTインフラ地域展開戦略検討会」を開催し、今後重点的に取り組むべき地域の社会課題として、①労働力、②地場産業、③観光、④教育、⑤モビリティ、⑥医療介護、⑦防災・減災、⑧行政サービス（マイナンバーカード利活用等）の八つの分野を提示しました。

労働力については、地域の若年労働力の都市部への流出を抑制し、都市部で生まれた仕事を地方で行えるテレワークの活用を推進すること、地場産業については、農業就業人口の高齢化や農業の魅力低下への対策として、各種センサー等を活用したスマート農業やスマート畜産業を進めること、医療介護分野では、医師の全国的な偏在や予防医療の重要性増加を踏まえて高度な遠隔医療の提供や健康情報等のクラウド上での共有を進めること、防災・減災分野では、センサー等による土砂災害等の予兆検知や地域情報のタイムリーな配信を行うことなどが、主な内容となっています。

図表3-8に「ICTインフラ地域展開戦略検討会」で議論がなされた地域の社会課題と

主な効果	高度ICTで広がる可能性（イメージ）
・若手労働力人口の流出を抑制 ・地域の労働力人口増加	実際に同じオフィスで働いているかのような臨場感のあるテレワーク
・都市部と地域の結びつきを強化 ・多様な人材流入による、地域活性化	自宅スペースを含め、地域拠点施設外での研修
・生産性の向上、匠の技の見える化 ・見える化による収穫・品質の安定	より多数のセンサーやドローン撮像データのAI分析による精密農業
・労働力負担の軽減。収益性の向上 ・畜産魅力向上による就業者数の増加	
旅客の増加、満足度向上	リッチコンテンツをどこでもストレスなく送受信可能な通信環境
・学習機会不足による人口流出の阻止 ・地域活性化の担い手人材の育成	実際に同じ部屋で学んでいるかのような臨場感ある遠隔教育
・赤字公共交通路線の効率化 ・買い物難民等の生活支援	自動運転バス・タクシー等の実現 AIスピーカーによる自動買物
・都市部との医療格差の軽減・解消 ・患者・医療従事者双方の負担軽減	4K高精細診断映像等のリアルタイム伝送による正確な遠隔診断
・僻地住民への必要な医療サービス提供 ・患者受入の効率化、医師の負担軽減	より多数のセンサーとAI分析による的確な予防アドバイス
・住民へのタイムリーな避難指示等	多数のセンサーや映像によるリアルタイムかつ網羅的な状況把握やAI分析による広域連携の最適化
・ICTリテラシーに配慮した情報の一元的提供 ・情報配信コストの低減	AIスピーカー等による個人ごとに最適化した防災情報等の配信
・適切な行政サービス提供 ・行政コストの低減	自動運転バス等公共サービスとの連携
・救急搬送中に医師による適切な処置指示が得られ、救命率の向上が期待	高精細映像による遠隔医療と患者情報のAI分析の連携による救急車内での医療処置の高度化及び処置時間の大幅短縮

図表3-8　地域の社会課題とICTソリューションの例

	課題	ソリューション
1. 労働力	地域の若年労働力が都市部へ流出	テレワークの活用
	都市への労働力集中による、人材交流機会の減少	サテライトオフィスの設置
2. 地場産業	農業就業人口の高齢化、地域農業の生産力低下	センサー等によるスマート農業
	若者にとっての酪農畜産業などの魅力低下	センサー等によるスマート畜産業
3. 観光	観光客向け情報発信ノウハウの不足	・Wi-Fi整備による観光客の利便性向上 ・SNS等による観光情報・クチコミ情報等の発信
4. 教育	通学等の理由により、高校等入学を機に地域外に転出	遠隔教育による教育機会の確保
5. モビリティ	公共交通機関の縮小のため、買い物難民が発生	・ICTを利用したライドシェア等の提供 ・ICTに習熟した高齢者のネットスーパー利用支援
6. 医療介護	医師の全国的な偏在	遠隔医療による高度な医療の提供
	予防医療・予兆検知の重要性増加	クラウド上での要介護者等の健康情報等の関係者間での共有
7. 防災・減災	森林の水源かん養機能低下による流域の災害リスク	センサー等による土砂災害等の予兆検知
	・圏域住民に必要な情報の適切かつ、わかりやすい伝達 ・地域の賑わいや活気の減退	住民ポータルサイト等による地域情報等の配信・提供
8. マイナンバーカード利活用	人口減少社会における行政コスト削減の必要性	マイナンバーカードによる行政支援受給資格等の確認
	救急搬送中における適切な救急医療提供の必要性	救急車内でマイナンバーカードによる病歴・投薬歴等を確認

（出所）総務省「ICTインフラ地域展開戦略検討会」資料より抜粋

図表3-9　地域の魅力・活力を高める

■我が国は、現在大きな環境変化に直面。
・東京一極集中に代表される、都市・地方間の格差拡大と小規模市町村等の過疎化・衰退が加速化。
・少子高齢化の進展による超高齢化社会の到来とこれに伴うさまざまな地域課題解決の顕在化。
・効果的・効率的な地域課題解決方法や解決手法・ツールに関する、地域における認知度・理解・ノウハウ・人材の不足。

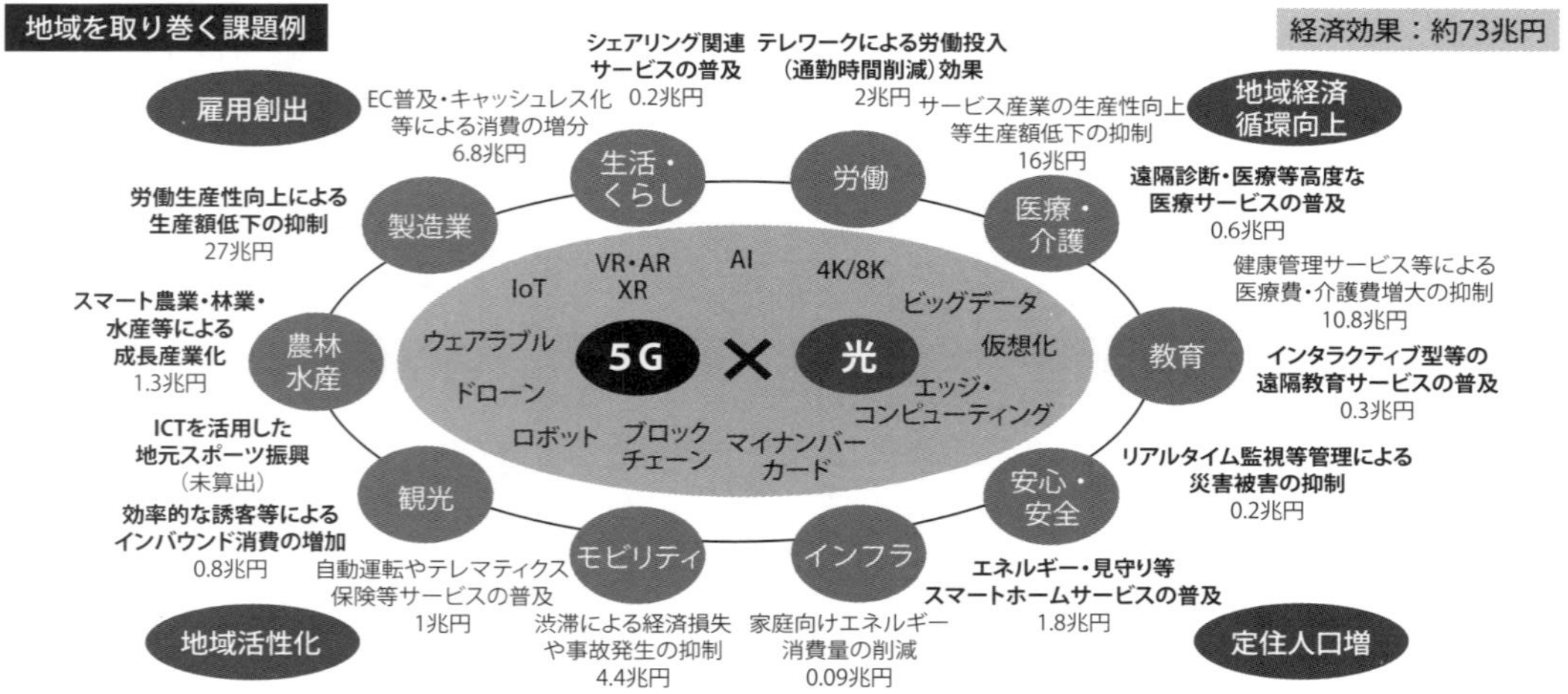

（出所）総務省「ICTインフラ地域展開戦略検討会」、三菱総合研究所提出資料より作成

ICTソリューションの例をまとめました。その後、このほかにも地域課題が広がりを見せていますので、本図は一つの参考例としてご覧いただきたいと思います。

5Gはそれ自体、高度な性能を用いて社会課題や地域課題の解決に資する利活用を可能にする「ツール」ですが、5G（×光ファイバ網）と親和性の高い分野で周辺技術を併用することにより、相乗的に5Gの効能が高まり、ビジネス化につながる利活用のユースケースが広がっていくと考えられます。また、この検討において「5G×光」の経済波及効果は、約73兆円と試算されています。

◉親和性が高い分野――モビリティなどが先行

5Gが社会課題のソリューションになりうることを述べてきましたが、ここでエンターテインメントを含め生活全般を見渡して、5Gと親和性の高い技術や分野をまとめておきましょう。七つに分けて解説します。

①4K・8Kと高精細映像

4Kや8Kなど高精細映像、動画の伝送は、単体でもビジネスとしての発展が見込まれる分野です。

２０１０年頃に３Ｇが４Ｇに移行し、また２００８年にアップル社のｉＰｈｏｎｅが発売されるなどスマートフォンの普及が急速に進展したこともあり、現在では携帯端末上での動画視聴は当たり前になっています。ＹｏｕＴｕｂｅやニコニコ動画などのインターネット映像プラットフォーム事業、放送事業者や映画・スポーツ等の各種コンテンツホルダーによる番組配信事業、動画広告やデジタルサイネージ広告などのビジネスが花開き、その利便性は、「いつでも好きな時に視聴する」ライフスタイルを持つ若年層を中心に、携帯サービスの利用者からも高い支持を受けています。

デジタルコンテンツ協会の推計によれば、２０１８年の動画配信市場は約２２００億円、２０２３年に２９５０億円に達すると見込まれています。５Ｇの登場によって、この将来推計は大きく違ってくるかもしれません。

２０１９年秋のラグビーワールドカップでは、10月5日の日本対サモア戦が、スポーツコンテンツのリアルタイム配信で過去最高の視聴者数を記録しました。５Ｇは大容量・低遅延の機能を活かして行われるスポーツやコンサート中継などイベントのライブ配信に非常に適した技術です。４Ｋや８Ｋをストレスなく送受信できるため、スマートフォン上だけでなく、5Gネットワーク経由で大型のスクリーンへの投影も問題なく可能です。

こうしたライブ配信については、携帯事業者はむろんですが、放送事業者などもやや慎重ながら動画配信ビジネスなどの拡大にプラスになる可能性があると見ていると伝えられています。

これまでは公開済みの映画や放送番組の見逃し視聴などが大半だった動画配信ですが、現在は主にネットフリックス、アマゾン、アップルTV等の海外勢がオリジナル作品の製作に注力しているほか、邦画・洋画・海外テレビ番組などの豊富なラインアップを武器に、NTTドコモとアマゾンの連携など携帯事業者とタッグを組んで市場に攻勢をかけており、かつてはテレビ放送の独壇場だった「視聴時間の争奪戦」は、新段階の競争に突入しつつあります。

このように変化の激しい動画配信サービスですが、今後は良質の4K・8Kの映像コンテンツや高精細アニメーション、立体映像作品などをいかに製作・確保するかが焦点となってくることでしょう。

⑤でも触れますが、アニメやNHKのバラエティ番組「チコちゃんに叱られる！」等で積極的に使われているVR／ARの立体映像を活用したコンテンツなども有望です。今後

はＥＣ（ネット通販）、デジタル衣料カタログや不動産物件の案内などの分野でも、立体映像が盛んに利用されると予想されます。

もう一つの流れは、ＳＮＳ等における動画コンテンツ等の利用に関する利便性の向上です。放送番組の「ながら視聴」の拡大を引き合いに出すまでもなく、今やツイッター、フェイスブック、ミクシィ、インスタグラムなどのＳＮＳは、幅広い年代に支持され、一般的に利用されています。利用者からの情報発信の拡大は、ある識者によれば「情報民主主義の進展」という言葉で表現されますが、特にＳＮＳで高精細の動画をインターネットにアップする際など、５Ｇにより一層高度な利用が可能になります。

②オンラインゲーム

ゲーム業界はまさしく日進月歩で、立体ＶＲ映像を制作するポリゴンなどのＣＧの進歩により、内外のゲームメーカーが広義のｅスポーツも含めて参入しています。同時に、２０１９年９月のゲーム業界のイベント「東京ゲームショー２０１９」や「ＣＥＤＥＣ２０１９」といったイベントでも、「５Ｇ×ゲーム」をテーマにした講演や展示が多数行われるなど、５Ｇに対する関心・期待もきわめて高い分野です。

現在、主流はオンライン対戦ゲームで、今後より高精細で重いコンテンツデータをクラウドサーバからリアルタイムでやり取りするニーズが高まる中、5Gの高速大容量、超低遅延の活用が喫緊の課題と見られています。多数のプレイヤーが対戦する場合には、同時多数接続も重要になります。

これらを実現するためには、特に基地局と物理的に近いデータセンターを設置し、さらなる低遅延を実現するMEC（エッジ・コンピューティング）や、多数の者による専用線的な5G通信を可能にするネットワーク・スライシング（第1章第2節参照）の早期実現も求められています。

CEDEC2019のセッションでは、NTTドコモより、5Gを5年程度かけて全国エリアに展開していく過程と並行して、都道府県に1カ所を目安として、基地局と物理的に近いデータセンターを設置し、低遅延なデータ処理サービスであるMECを展開していく方針が示されました。

他方、ゲーム会社からは、4GとMECを備えた5Gの双方で対戦型卓球ゲームを行ったところ、実際に4Gではタイムラグが100ミリ秒（1／10秒）より大きくなる場合があり、オンライン先の操作が後れパケットデータのロスも多く発生するため、やはり5G

が今後の本格的なゲーム対戦になくてはならないとの発表がありました。このことは物理的にプレイヤーが集まり、チーム同士でゲーム対戦を行うeスポーツでも同様です。

③IoTとAI（AIoT）

5GとSociety 5・0に関連する技術領域として、最もわかりやすい例の一つがIoTとAIでしょう。Society 5・0の原型として想定されているように、さまざまなセンサー等から得たIoTビッグデータをAIで分析し、その結果を踏まえてさまざまな制御などが行われます。これは徐々に導入が進んでいますが、今後はこれまでの信号を間欠的にやり取りする「軽い」IoTから、画像や映像といった大容量データを送受信したり、いわゆるフルコネクテッドと呼ばれる常時接続型の通信を行うことが日常的になってくると思われます。

たとえば、高精細画像をAIやイメージセンサーで認識・識別し、人や物体を特定したり、生態や地形などの状況推移を把握したりすることで、IoTの有用性は格段に高くなります。というのも、これは非常に重要なポイントですが、**画像・映像のAI解析は、対象となる画像等の解像度が高ければ高いほど、その精度が向上する**ためです。

その意味で、5Gの導入により高精細・高臨場感の映像伝送が、LPWAやWi-Fi、4Gに比べて格段に容易になることで、警備・セキュリティ、災害対応、農林水産業や製造業の効率化、医療・介護分野への応用など、極めて多彩な分野での利用拡大が期待されます。

AIとは、簡単に言えば「多種多様なデジタルデータの中に一定の法則性を発見し、人が行うのと同様に事象の通知や傾向分析、類推、予測・予知などを行うツール」です。AIには、用途や使用環境に応じてさまざまなスペックのシステムが存在しますが、人型ロボットPepperやAIスピーカーが一般的になっているように、すでに周囲の多くの製品やサービスに組み込まれています。スマホの音声入力は無論、最新の自動販売機が、人がその前に立つだけでドリンクをリコメンドするのも、タクシーの後部座席のモニター画面が乗客の属性に即したターゲット広告映像を流すのも、言葉をデータ変換し、また顔や服装から性別や年代を推定するAIの簡易な仕業です。

今後とも深層学習（ディープラーニング）により大量のビッグデータを学習することで、AIの精度はますます高まり、用途別にあるいは属人的にカスタマイズされたAIが、ヒトやモノとのより高度なやり取りを実現していくことでしょう。AIの世界も日進月歩で、現在は自発的深層学習で賢くなるＡＩや、他のＡＩと競争しながら切磋琢磨するＡＩなど、いろいろな高度化の段階にあるようです。もちろん、ＡＩの活用に当たっては、プライバシーや個人情報、倫理の扱い等に細心の注意が必要なことは、言うまでもありません。

④ロボティクス

人の代わりに作業を行うロボットも、５Ｇと親和性が高い分野です。農作業や介護福祉などの分野では、人が着用して手足の力を増幅するパワーアシスト・スーツといわれる作業補助ロボットの導入が盛んになっています。

５Ｇの超低遅延を活用すれば、人は遠隔操作をするのみで、ロボットがリアルタイムで作業を行うことも可能になります。ロボットによる作業の緻密な再現や触覚通信といった技術の進化のスピードは速く、現在では操作者にモーションセンサーを装着させ、積木や描画などの人間の動作情報を５Ｇで伝送することにより、離れた場所にいるロボットが操作者の動作を精密に再現することが可能になっています。

こうした遠隔操作によるリアルタイムのロボット操作は、人が立ち入れない危険な場所での作業を行う場合などに、大きな威力を発揮します。

30年前には何とか二足歩行が可能というレベルだった人型ロボットですが、現在は非常に滑らかな動作が可能なだけでなく、触覚通信技術の進歩によりロボットの手（アーム）を握ると遠隔操作者に繊細な触覚が通信でスムーズに伝わってくるほどです。このほか、視覚はむろんのこと、味覚や嗅覚の通信も完成の域に近づいており、いずれは五感すべてのインターフェイスを伝える通信が当たり前になる時代が来ることでしょう。

作業用でないＡＩを搭載した人型ロボットやぬいぐるみなどのマスコット型ロボットも普及が始まっています。たとえば見守りや介護の分野で、高齢者や要介護者等との会話ができ、人に近く親しみのあるＩＣＴのインターフェイスや端末として活躍していきそうです。

⑤VR／AR／XR

ＶＲやＡＲ、これらを組み合わせたものをＸＲ（X-RealityまたはＭＲ：Mixed Reality）と呼びます。ＶＲと言えばゲームやビデオを思い浮かべる方が多いかもしれません。かつて平面だったゲーム空間も今は３Ｄの滑らかな動作が当たり前になり、先述したｅスポーツなどでは、数億円の賞金がかかった大会なども開催されるようになっています。今後ますます高度な映像表現が可能になり、またサイバー空間上でネット対戦が可能になってくる時代にあって、5Gの高速でリアルタイムな通信環境は大きな役割を果たすでしょう。

調査会社IDCによると、2018年の世界のVR／AR市場は89億米ドル（約9800億円）ですが、2023年には約20倍の1605億米ドル（約17兆5000億円）に達すると見込まれています。これは、年率約78％という非常に高い成長率です。このうち半分以上は視聴用ゴーグルなどのハードウェア市場ですが、注目すべきはその使途です。

ゲームのイメージが強い消費者向けVR／ARの2030年の予測市場規模は約208億米ドル（約2兆2800億円）ですが、産業分野での利用も約166億米ドル（約1兆8000億円）と、これに匹敵する市場になると予測されています。

特にARは、「タスクを容易にし、複雑な問題を解決することができる」産業用のツールとして、製造業、公益事業、通信、物流などの業界において、組み立て、保守・修理用途での採用と活用が増えると分析しています。我が国でもこの傾向は同様で、トレーニング分野を中心にVR／ARの利用が拡大してきていますが、積極的なユースケースの開発とVR／ARの新規使用者層を開拓していく必要があると指摘されています。産業用途のVR／ARにはまだまだ伸びしろがあり、利活用が注目されるということです。

航空機操縦や自動車運転のシミュレータはその最たるものですし、VR／ARを製造業や水産業、災害対策などの訓練や技術伝承に活用する可能性についても、徐々に認識されてきています。経験がない人でもインフラや機械類の施工や保守を眼鏡型のARグラスを用いて（アニメ『ドラゴンボール』でサイヤ人が付けていたスカウターのように）、操作手順を示したVR映像や遠隔地からの指示に従って行うことができれば、施工・管理が効率化します。そうしたシステムなども盛んに開発されており、昨今の人手不足の下では大きなニーズがありそうです。

医療現場におけるVR／AR利用も進んでいます。たとえばHoloeyesというベンチャーは、レントゲンやCTスキャンの平面画像をVRでホログラムに3D化し、臓器や患部をそのまま再現した立体ホログラムを多くの医師らがVRゴーグルで同時に視聴・共有することを可能にしました。このホログラム映像は一種のデジタルツインで、回転させたり臓器の内部を子細に観察するなどの操作が自由にでき、これにより、さまざまな角度から診断して患部を特定（読影）したり、可視化されたホログラムを見ながら正確な手術を行ったりすることができるようになりました。手術のシミュレーションを通じて、経験の浅い医師への技能を伝承することにも役立っているといいます（詳しくは、第4章末のHoloeyes COOの杉本真樹医師へのインタビューをご参照ください）。

図表3-10　VR/AR/XR市場の動向

■世界のAR/VRのハードウェア、ソフトウェア及び関連サービス市場予測

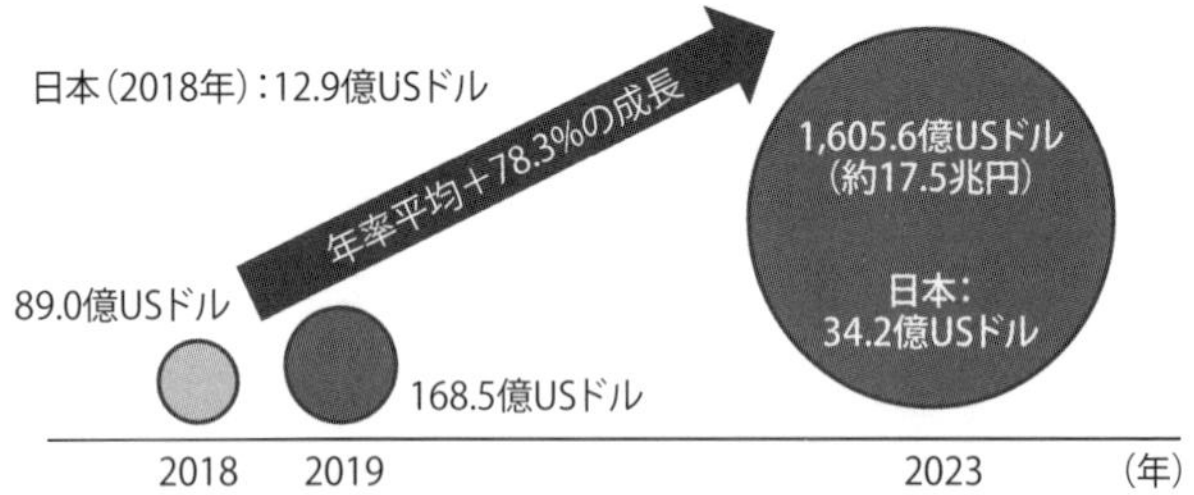

■AR/VRの成長可能性分野について（2023）

ビジネス分野：
166.5億USドル（産業用訓練・メンテ、小売）

消費者向け分野：
208.0億USドル（ゲーム・ビデオ中心）

その他：
実験室・実習用のAR、公共インフラ整備用AR、診断用途のARなど

※約半分がハードウェア市場、特にヘッドセットの伸びが顕著。

・世界では、「ARは、タスクを容易にし、リソースへのアクセスを提供し、複雑な問題を解決することができるため、**ビジネス分野でシェアを拡大**している」
「ARの採用は、製造業、公益事業、電気通信、物流などの業界において、組み立て、保守・修理用途での採用と活用が増えている」

・国内では、「**トレーニング分野を中心にAR/VRの利用が拡大**してきたとはいえ、現在の市場の成長見込みは海外の諸地域に比べて明らかに見劣りする状況に変わりはない。国内市場の現状に甘んじることなく、**積極的なユースケースの開発とAR/VR新規使用者層の開拓**を続けることが、今後の停滞を避ける唯一の道」

（出所）IDC "Worldwide Semiannual Augmented and Virtual Reality Spending Guide 2018H2" 資料より作成

最近では、ホスピスなどで終末医療を受ける患者の心のケアのために、懐かしい自宅や家族の映像をＡＲで投影して見せる精神療法も、現場で大きな成果を上げているそうです。

身近なＶＲ・ＡＲの利用ニーズを、もう一つ。昨今の新型コロナウイルス流行ですっかり全国的に定着したテレワーク／リモートワークですが、ＰＣなどを介してビデオ会議を実施した経験のある方は、自宅で着の身着のままの姿でテレワークできない、と悩んだ経験はないでしょうか。スッピンや寝癖髪はもちろん、普段着や散らかった家の中が背景に映り込むのも、気が引けるものです。５Ｇ時代には、より高精細・高臨場感の映像が伝わることになります。

ここで役に立つのが、実際の動画映像を自動加工してくれるＡＲ技術です。顔や髪型は表情が変わらない程度に補正・加工し、好きな服装、背景に置き換えて映像を合成するだけで、格段にテレワークがやりやすくなります。会議は参加者の仕草や表情が大事なので、やはりＶＲ・ＡＲの活用がより有用となると筆者は考えます。

⑥モビリティ

人が生活する上でなくてはならないのが、公共交通機関や自動車などのモビリティです。

モビリティサービスは、我が国だけでなくEUでも5G利活用の戦略的な重点領域と位置づけられています。現在、最もビジネス創出に向けた動きが活発な技術分野でもあります。

たとえば、MaaS（Mobility as a Service）と呼ばれる各種交通機関（鉄道、バス、タクシー、航空機など）の垣根を超えて最適な交通経路の検索・手配・決済をワンストップで行う仕組みや、ライドシェア（自動車等の共同利用）などのサービスについては、各地でさまざまな企業等が実証実験を行い、一部で本格的な普及に向けサービスを開始しているところです。こうしたサービスは、旅程の効率化や手続きの簡素化など多くのメリットがあるため、急速な普及が見込まれています。

最近の自動車業界の動きは、Connected（つながる）、Automated/Autonomous（自動運転）、Shared/Service（シェア、サービス）、Electric（電動化）の4要素の頭文字を取って「CASE」と呼ばれ、東京モーターショー2019で提唱されたように、①安全・快適で利便性の高い運転環境の提供、②豊かさを実感できる移動空間としてのクルマの高付加価値化、③交通の最適制御、④環境への負荷低減といった取り組みが次々と行われています。

「ネットワークにつながり、通信する車」という意味で、コネクテッドカー、V2X（車両と「X」：他のモノとの間の通信）という言葉も頻繁に耳にするところです。

こうしたビジネス面での動きがある一方で、少子高齢化、人口減少時代の地方創生の文脈からすれば、最も切実な関心は、過疎地域においていかに交通空白地帯を解消し「住民の足」を確保するかということになります。

国土交通省の統計では、全国の路線バスの7割が赤字路線で、2007年から2014年までの8年間で約1万1800㎞の乗合バス路線が廃止されました。毎年1000㎞以上、つまり東京から鹿児島市までの距離に相当するバス路線が廃止されているという、驚くべき計算になります。地域の人口減少や運転手などへのなり手がいない労働力不足の傾向を考えると、特に採算性の低い地方では、公共交通機関による住民の足がどんどんなくなっていく可能性を示しています。

公共交通機関の乏しい地方では自動車の利用が主になりますが、高齢化の進展に伴い自家用車を所有していない世帯が増え、高齢者や認知症患者の運転による事故等も頻発している状況の中で、非常時も含めて買い物、通院・通所、行政手続きなどのために低コストで自由に移動する手段を確保することは喫緊の課題です。いつでもタクシー移動などができる富裕層を除けば、住民の交通難民化を防ぐためには、自治体等が関わって、過疎地域等で、地域内を自動で走行するオンデマンドバスを運行させることなどが一つの理想となります。これが、自動運転が注目を集める一つの大きな理由です。

また、トラック運送や宅配などの物流分野では、ネット通販やネットスーパーなどeコマースの急速な伸びも背景に、ドライバーや配達人の不足が叫ばれていますが、サービスレベルを下げずにこの問題を解決するのは、非常に困難な状況です。ネットスーパーなどは過疎地や高齢者世帯などにとっても有益なサービスのため、対策として車の自動運転の導入やトラックの隊列走行などが注目されています。


自動運転には五つの段階があり、完全自動運転はレベル5と位置づけられます（図表3－11）。2019年末現在では、運転制御システムがハンドルと加減速のどちらも操作する「運転支援」のレベル2と、高速道路など特定の場所で運転制御システムがすべてを操作する「自動運転」のレベル3の間の自動車が日産自動車やBMWから発売されています（アウディは本国ドイツでレベル3のクルマを販売。ホンダも2020年の市場投入を予定）。業界トップのトヨタ自動車も取り組んでおり、自動運転関連特許の出願数は世界トップを誇っています。

完全な自動運転（レベル5）が実現した暁には運転手は不要で、自動化されたシステム

図表3-11　自動運転のレベル分け

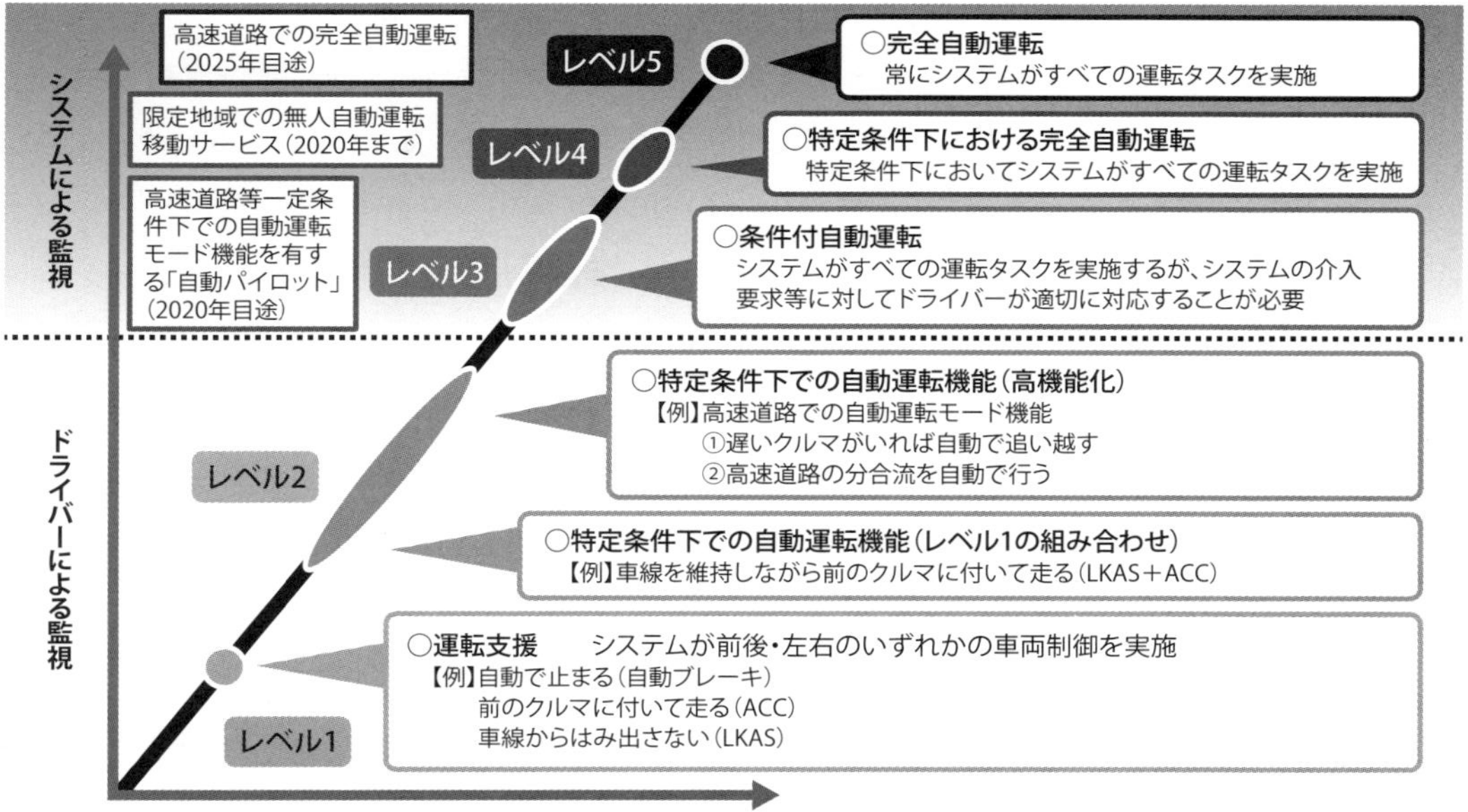

高速道路での完全自動運転（2025年目途）
限定地域での無人自動運転移動サービス（2020年まで）
高速道路等一定条件下での自動運転モード機能を有する「自動パイロット」（2020年目途）
システムによる監視
ドライバーによる監視
レベル5
レベル4
レベル3
レベル2
レベル1
○完全自動運転
常にシステムがすべての運転タスクを実施
○特定条件下における完全自動運転
特定条件下においてシステムがすべての運転タスクを実施
○条件付自動運転
システムがすべての運転タスクを実施するが、システムの介入要求等に対してドライバーが適切に対応することが必要
○特定条件下での自動運転機能（高機能化）
【例】高速道路での自動運転モード機能
①遅いクルマがいれば自動で追い越す
②高速道路の分合流を自動で行う
○特定条件下での自動運転機能（レベル1の組み合わせ）
【例】車線を維持しながら前のクルマに付いて走る（LKAS＋ACC）
○運転支援　システムが前後・左右のいずれかの車両制御を実施
【例】自動で止まる（自動ブレーキ）
前のクルマに付いて走る（ACC）
車線からはみ出さない（LKAS）

（注）ACCはAdaptive Cruise Control、LKASはLane Keep Assist System
（出所）国土交通省資料より作成。（原資料）官民ITS構想・ロードマップ2017等

の操作によりあらゆる道路環境で目的地まで車が自走できるため、乗客は社内でくつろぐだけ、という状態になります。

完全自動運転は①車載レーダーで周囲の車両や車線、人、物体を検知しつつ、②刻々と変わる走行地形データ（ダイナミックマップ）をリアルタイムで更新しながら、③信号などの道路インフラと連携（路車間通信）することで可能となります。また、④遠隔地からの自動運転車の運行監視や異常時の制御も、自動運転の方法次第では必要となります。

車と他の物体等の通信としては、車と車（車車間、V2V：Vehicle to Vehicle）の位置確認や歩行者など周囲の異物検知が必要になります。それらは、現在の「自動ブレーキアシスト」のように車載のレーダーとコンピュータだけでも実施が可能です。しかし、ダイナミックマップの更新を含め、道路インフラとのデータ送受信を行う場合（路車間、V2I：Vehicle to Roadside Infrastructure）や通信ネットワークとの接続（V2N：Vehicle to Network）には、5Gの大容量通信と超低遅延機能が欠かせません。

少々技術的な話になりましたが、自動運転レベルの高度化のためにさまざまな実験等が行われていることは、毎日のようにメディアでも取り上げられています。自動車メーカーや携帯事業者もそれだけ熱意を持って取り組んでいるということの証左と言えるでしょう。

トヨタとソフトバンクが中心となり、ホンダや日野自動車など国内の自動車メーカー各社等が多数参加するＭＯＮＥＴコンソーシアムでは、「行きたい時に、行きたい所へ」行ける地域活性化のためのオンデマンド・モビリティの提供と、移動型テレワークなどビジネス分野の新しいスマートワークスタイルを支える移動空間の提供を実現するプラットフォームの提供に取り組んでいます。

その成果の一つとして、２０１９年12月から長野県伊那市で、診察環境を備え地域のどこからでも医師のオンライン診療を可能にするコンパクトな診察車両「ヘルスケアモビリティ」を運用する実証を開始しました。これは、オンデマンド交通と遠隔医療を同時に実現する医療×ＭａａＳを具体化したもので、医療機関へのアクセスが難しい地域でも、医師が乗車する車両できめ細かい医療サービスを提供できる先駆的試みとして注目を集めています。

以上を突き詰めれば、モビリティをめぐる課題とは、誰もが安全で便利かつ低コストで自由な移動が可能な交通の確保と輸送効率の向上、さらには、渋滞や事故を減らし快適な移動を可能にする交通量全体の最適化という点に集約できるでしょう。

自動運転を含め車両運行の自動化を通じて人手不足解消と輸送の効率化、地域の足の確保を実現するために、超低遅延・同時多数接続を実現する5G×モビリティには、キーテクノロジーとしての役割を果たすことが期待されます。さらなる低遅延を実現するMECも、間違いなく重要になってくるでしょう。政府としても、スマートモビリティ社会の実現に向けた国家戦略として2014年に「官民ITS構想・ロードマップ」を策定し、毎年改訂を行うとともに、ITS（高度道路交通システム）を実現するため必要な支援策を講じています。

⑦ドローン

蜂の羽ばたき音を語源とするドローンも、空のモビリティの一つですが、近年は小型のプレジャードローンから大型の産業用ドローン、一部軍事技術にもなりうる無人飛行機まで、さまざまな種類の飛行体について総称としてドローンという呼び名が使われています。

ドローンは、地上交通とヘリコプターや航空機の間のスペースを埋める移動技術・手段であり、身近な利用方法として、高画質映像の上空撮影やドローンレースなどへの使用が盛んになっています。他方、地方においては道路等の地上利用にとらわれない自由なモビリティとしてニーズが高まっています。遠隔地へのドローン宅配などもその一つです。

インプレス総研の推計では、我が国のドローンの市場規模は2018年度の931億円から2024年度には5073億円と、5倍以上に達する見込みです。特に、ドローンを利用してさまざまなサービスを提供するサービス分野が2024年度には約7割を占めるようになるなど、著しい成長が期待されています。

こうしたドローン利用ニーズの大幅な拡大傾向に呼応して、総務省では、2020年内に携帯電話を搭載したドローンの実用化（携帯電話の上空利用の解禁）を行う予定のほか、2019年度からドローンの目視外飛行を可能にするための研究開発に着手しています。

そのほかには、マイナンバーカードなどのID認証機能、ブロックチェーンなど分散型で信用保全を担保する技術、キャッシュレス化などが5Gの利活用の対象となると考えられています。今後も通信以外の技術進歩と相まって、多彩な利活用方法が出てくるでしょう。

5Gを地方創生を含めた社会の課題解決に活かしていくことは、産学官民金が連携した総力戦だと述べました。この総力戦に向けて、現在大きく二つの道筋が見えており、第4章で紹介していきたいと思います。一つは政府総務省を中心とした5Gの総合実証試験、もう一つは携帯事業者各社の独自の取り組みです。

インタビュー

すべてがつながり合う新社会へのトリガー、5G

岩浪剛太氏（インフォシティ代表取締役）

岩浪剛太氏は、コンピュータソフトウェア・通信・放送関連の分野において技術革新を続ける通信アプリケーションにおける日本の第一人者である。一般社団法人デジタルメディア協会理事、第5世代モバイル推進フォーラム・アプリケーション委員会委員長等も歴任。5Gに社会変革のキードライバーとしての役割を期待する一方、海外勢に席巻される日本の情報通信業界に対する警鐘も忘れない。

●2020年は情報通信のターニングポイント

——岩浪社長は企業経営の一方、「第5世代モバイル推進フォーラム」のアプリケーション委員会委員長として5Gの推進に努めてこられました。

私はある意味5Gの宣伝側でしたので（笑）、今は本番を前にしてドキドキしているところです。どんなサービスでも、開始当初はインフラ整備が追いつかないなど「期待と違う」と幻滅されやすいですから。ただ、初期の反応がどうあれ、何年か経って振り返ればやはり2020年がターニングポイントだったということになるでしょうね。

最初はやはりスマートフォンが、5Gのよさを実感する切り口になるでしょう。そこから次第にいろいろなサービスが広がっていく。たとえば放送の分野ならFPU（Field Pickup Unit）の代わりに中継用途で使うケースですね。今ですとゴルフの試合中継現場では、中継車から太いケーブルがそこら中に張り巡らされていたりしますが、それを5Gでワイヤレスにしてみるとか。さらに2030年頃になると、「さまざまなものがつながっていて、あえて端末を持つ必要がない」世界になっているかもしれません。

——5Gでもスマートフォンの世界は連続的に続いていくけれども、長期的にはセンサーネットワークが確実に広がっていくと思っています。いわ

ゆるIoT、モノとモノがつながるインターネットですね。おっしゃるように手元に端末はないのに、センサーとそれにつながった情報流通のネットワークが、ユーザを取り囲むように至るところにアンビエントに存在するようになる。身の回りのあらゆる情報がデジタル化され、交換される世界になっていく……。

すべてがつながるということは、ユーザから見たら生活環境全体が常にネットにつながり、トラッキングされているという社会ですね。

――悪い方に捉えれば、ジョージ・オーウェルの『一九八四年』の世界に近いかもしれません。

まさしくそれです。最近のアニメで言えば『PSYCHO-PASS（サイコパス）』に出てくる「シビュラシステム」に支配される世界ですね。ただ、この「監視社会」は、決してディストピア（暗黒郷）とばかりは言えないところがあります。

国情は違いますが、今年1月に中国で、外でパジャマを着て歩いている女性の画像がSNSで拡散されてしまったというニュースがありました。市の監視カメラに映ったものを、市が啓蒙目的であえて拡散したわけです。こういったことの結果、中国では犯罪が減り、市民のマナーが向上してきているという話があります。これがいいと言うわけではありません（笑）。人々が受け入れているということが言いたいわけです。

この手の問題、日本では全体的に神経質ですから「ユーザの個人情報は見ない、聞かない、出さない」という方向に傾きがちです。一方、米国などでも最近抑制的な議論も出てきてはいますが、基本的にＧＡＦＡ（グーグル、アマゾン、フェイスブック、アップル）では個人情報を活用することによってユーザに利便性と付加価値を提供してきました。

「Ｇメール」はメールの中身を見て広告などに利用していますが、グーグル側はそう宣言し、ユーザも自覚的かどうかはともかく、それを了承しています。スマホにクレジットカードをまるごと登録するような時代にもなっているわけです。ユーザビリティの向上はその人に対していかにパーソナライゼーションするかにかかっています。自分のことをとことんわかってくれる人ほど楽な相手はいませんから。

――権力や独占的企業に悪用されないという前提が確保されている限り、日本でも政府に情報を提供してもいいという人は一定数いるでしょうね。

巨大プラットフォーマーを援護するつもりはありません。ですが、彼らはユーザの支持によって成功してきたわけです。こうしたフルコネクテッド、フルトラッキングの社会はいずれ受け入れられるようになるのではないでしょうか。というのも、つながることのメリットを知ってしまったら、これを拒むことは難しいでしょうし、5Gはつながっていることの便益が不利益を圧倒的に上回ることを証明してしまうと考えるからです。もちろん、プライバシーが保護されることは非常に大切ですが、これまでの常識が転換するようなパラダイムシフトが起こるんじゃないかと思います。

その際問われるのは、真の民主主義が作動する社会になっているか否かです。人々が安心して暮らせるより利便性の高い社会になるのか、人々が不当に弾圧されるような暗黒の監視社会になるのかは、プライバシーや個人情報がしっかり保護されるのかも含めて、われわれがどのような社会を作れるかにかかっているというわけです。

それから、これは昨年のあるイベントで聞いた世界中でたくさんのスタジアムを経営している人の話ですが、大きなスポーツの試合が開催されると、それを公式に中継している放送局のほかに、客席から勝手に中継している人たちが15人くらい存在するそうなんです。いわゆるＦａｎｃａｍ（ファンカム、ファンが自分のカメラで撮影した動画）ですね。

――日本で勝手にそんなことをしていたら、警備員が飛んできます。

ところが海外のチームなどは、彼らの実況がおもしろくてそれにファンがついているという影響力を認めていて、彼らとちゃんと契約しているんです。

――情報開国という感じですね。

スマホを持つ人類は、超人的な能力があるんですよ。素人が一人で生中継ができるんですから(笑)。これまで規制していた側も、著作権ルールをひっくり返して、一緒にやろう、利用しようという姿勢に転じている。いち早くファンカムを解禁したのがマドンナですし、日本のアーティストではBABYMETALのファンカムが人気です。非公式だとは思いますが、ファンカムで海外のファンが増えているような感じですね。ただし日本公演では、いまだに禁止ですが。

先ほどの個人情報の話も同じですが、5Gはこれまでの発想の転換を迫られるほど激しいテクノロジーの変化です。社会が変革していくトリガーになると思います。

●みんなで作る5G

――私は、5Gというのは総力戦であって、国民一人ひとりが向き合っていくことで完成していくものだと思います。5Gという言葉自体はもう知らない人はいないと思いますが、実態はあまり知られていない。自分たちが使いこなしていくテクノロジーなんだと捉えている人も、残念ながらまだ多くはないようです。

ユーザにしてみれば、5Gの効用をいろいろ説明されてもピンとこない。安い！ 速い！ 楽しい！ できなかったことが新たにできる！ このようなことを実感できるようになるかに尽きるんだと思います。もちろん、国や携帯事業者の利活用に対する取り組みは非常に重要です。

ただ、今回は基地局の整備などを、より多くのプレイヤーが参加してみんなで加速してやらないといけないでしょうね。特に屋内。最近の断熱性能が高いガラスは金属成分が入っていて電波が減衰するような製品も多いようです。家の前まで電気や水道を引くのは電力会社や水道局がするけれども、それを使うエアコンやガス台は個人で購入するのと同じで、5Gも自分で機器を付けるようになるかもしれません。「ここが暗いから電球を増やそう」というように、「ここの感度が良くないから5Gを付けよう」という感じで……。今でもWi-Fiなどは一部そうなっていますが。

2019年のWRC（世界無線通信会議）で日本が取った周波数の中で一番高い60GHzは、28GHzよりさらに直進性が高いですよね。そのあたりの周波数を利用するには、まさに「みんなで作ろう5G」という感じで（笑）、家庭ごと、建物ごとなどに用意していくしかないのではないでしょうか。

――４Gに割り当てている周波数もいずれ５Gになります。そちらは高速の帯域を多く取れますので、そうなればつながりやすくなるでしょう。でも、電球を取り替えるように個人で５G基地局を付けるというのは、非常に面白い発想ですね。

●問われる国家戦略

アプリケーション開発者としてはよく悩まされる問題があります。レトロフィットの問題です。

日本のようにこれまでそこそこ高度なＩＣＴ環境が普及している国では、それらを無視してアプリを組むことは難しいのが実情です。従来の環境で使っている人でも問題なく使えるようにしようとすれば、新技術の性能も本来の10分の1の性能になってしまいます。

たとえばキャッシュレスというテーマでも日本では現金も健在だし、Ｓｕｉｃａなどの従来のシステムも普及していて、さらにいろいろなものが乱立している。もし、それらをすべてやめて、一から新しいデジタル通貨を導入すれば１００％のスペックが出せるわけですが、現実にはそうはいかない。それと同じです。これまでのことはチャラにして、今日からデジタル人民元でいきます、というような芸当ができる国にはなかなか追いつけません。

　ここはやはり、国としての意志、方向性、作戦が必要です。先見の明を持って社会を再デザインしなければいけない時期が来ている。自動運転や遠隔操作などすべて含めて、技術の進化に対応して社会を変えざるをえないわけですから。繰り返しますが、5Gの普及というのは、社会のルールに必然的に変革を迫ってしまうぐらいの大ごとなんです。（独裁的ではありますが）中国あたりはそれをガッチリやりそうだし、そのほかでも海外の各国政府はそれを意識しています。

――そういうモデルを作るのは、日本はわりと不得意かもしれません。

　そうですね。ただ、どの国もある程度国家の主導が必要な中で、日本だけが「自然に何とかなる」と思っていると〝植民地〟になるしかないと思うんです。誤解を恐れずに言えば、iPhoneが世に出て以降、今の日本は、ユーザデータの利用面などでは、事実上の経済的な植民地と言ってもいい。スマホアプリなどでは、何をするにも、アップルとグーグルの審査を通らなければ何もできないですから。たとえNHKだってテレビ常時同時配信アプリを出そうと思ったらそうなるし、総務省がアプリ出すときだって同じでしょう？

――審査手数料を取られます（笑）。なるほど、ふと気がついたらそういう社会になってい

たわけで、ご指摘の前提で社会や産業、地域がどうあるべきなのかを改めて考えなければいけないですね。

おっしゃるとおりです。ICTがここまで社会のインフラになってくると、植民地化は情報通信産業だけにとどまりません。社会全体のデザインをちゃんと考えて進まないと、一社だけ、一業種だけが努力しただけではうまくいかない。なぜならすべてがつながっているからです。社会のありようを設計し直さなければいけないんです。そこはちゃんとした設計を真剣に考えないと。

何かを再設計するときには、古いものを切り捨てるハードな作業が伴います。しかし日本では、「今までやってきた人がいるんだから」と、それらを過度に忖度する傾向があるように思います。そこにはいい点もあるんですがやっぱり勝てないです。強引なやり方を怖がらずに社会を前に進めようとする国と、放置して成り行き任せという国では、どうしようもなく差がついてしまう。

――過去から続く複雑なしがらみが多いことが、ICT普及の妨げになることは多々ありますね。

そうですね。日本には世界最高の既存生活インフラがありますが、それをドカンと超えるテクノロジーが来てしまった。「これだったら、何もないほうがまだ楽だったな」という話になってしまったらもったいない。

逆に言えば、元々技術力もあり、社会システムのレベルも高いんですから、ちゃんと国民一人ひとりや政府がその気になれば、5Gを世界で一番上手く使う国になるはずです。日本のユーザは世界一リテラシーが高いんですから。

――次の6Gも含めて、そういう変革を政府も後押ししていかなければいけないですね。

新しい時代の到来を感じます。

6Gは日本リードで行きましょう！

第4章

5Gの利活用に向けた総力戦

前章では、我が国が直面する「静かなる有事」と、2030年頃に実現すると見込まれるSociety5.0と5Gの関係、5Gの利活用と関連の深い周辺技術や分野について概説しました。本章では、実際の5G利活用への取り組みや、2030年頃の社会イメージを俯瞰しつつ、利活用を実施する際に留意すべきヒントなどを探っていきます。

1 5Gにまつわる誤解を解く

◉5Gの都市伝説

毎日のように5Gに関するニュースや報道が溢れていますが、この中には事実を誤認させるような情報や、情報源が定かでないいわば都市伝説的なものも見受けられます。5Gサービスの利用者や携帯事業者のパートナーであるユーザ企業や自治体等の主な関心事については、第2章第3節で解説していますが、一方で巷に流布する出所不明の情報や誤った情報は、利活用の取り組みにも大きな影響を与えかねませんので、筆者の承知している範囲で、主なものについて正しく解説していきたいと思います。

①5Gはいつになっても全国隅々に行き渡らない？

5Gネットワークの整備には膨大な設備投資がかかりますが、全国系の携帯事業者は、2023年度末までに居住地・非居住地を問わず全国の98％の地域メッシュをカバーする予定であり、2021年4月までに全都道府県で5Gサービスを開始しなければなりません。

第2章で見たように、政府・総務省では「ICTインフラ地域展開マスタープラン」に基づく各種補助スキームや5G投資促進税制等によるネットワーク整備支援を行うとともに、次の第5章で述べる「ローカル5G」を推進することによって、自治体、ケーブルテレビなどの地域通信事業者、ベンダー、工場などがきめ細かなスポット的なエリアカバーを行える仕組みを用意しました。さらに、2020年夏頃までを目途に、携帯事業者に対し過去4G用に割り当てた周波数帯を、5G用に使えるよう制度整備を行っているところであり、こうした重層的な取り組みによって、全国的な5G網の整備は加速することが期待されています。

また、東京都、富山県、山梨県などが取り組んでいるように、自治体の持つ基地局設置に役立つ公共施設を携帯事業者等に開放してネットワーク整備を促進することも、有力な整備加速化のための方策です。国はもちろんですが、他の自治体においてもこうした形での携帯事業者支援が行われれば、5Gの早期エリア展開は一気に進むことでしょう（第2章第4節参照）。

②超低遅延・同時多数接続は、最初は実現しない？

一部のニュースなどでは、4Gから5Gへの移行過程で当初NSA（ノンスタンド・アローン。5Gの提供に4Gコアネットワークを使用すること）方式でサービス提供が行われるため、最初に実現するのは超高速通信だけだ、との記事等を見かけます。

確かに4G設備を一切使わないSA（スタンド・アローン）方式が導入されれば、当初から5Gの三つの機能（超高速・超低遅延・同時多数接続）をフルスペックで実現できるのは事実ですが、NSA方式では超高速通信しか実現しないというのは、正しくありません（NSA、SAについては第1章第3節を参照）。

NSA方式というのは、5G基地局を4Gコアネットワークにつないで信号処理をする移行中の暫定形態です。このため、超低遅延、同時多数接続機能が4Gレベルのものに制約されるのではないか、というのが論者の指摘かと思いますが、遅延や同時多数接続数の改善に効いてくるのはコアネットワークよりもむしろ基地局側の性能です。つまり4G基地局が5G基地局になれば性能が大幅に変わるということですので、SAにならなければ超低遅延や同時多数接続が実現しないという主張は、正しくありません。

なお、SAシステムの規格については、2020年3月現在、まだ国際標準の最後の詳細部分が確定していませんが、年内にはSA対応機器が導入される見込みです。

また、最近一部の記事・報道で、サブ6帯域（3・7GHz帯、4・5GHz帯）では、28GHz帯のミリ波と異なり5Gの超低遅延や同時多数接続が実現しないという一風変わったニュースを見かけましたが、これもまったく根拠がありません。周波数がどう変わろうと、5Gの三つの基本性能（超高速・超低遅延・同時多数接続）は同じように発揮されますので、誤った情報にミスリードされないよう注意が必要です。

③超低遅延は、超高速と同じことを言っているだけ？

超高速で通信できるから超低遅延が実現する、両者は同じことだという主張もよく聞きます。これは一種の感覚的な議論でしょうが、静止衛星を使った映像中継に遅延が付きもののように、10GBpsという4Gの100倍程度の速度で通信できても、同じ高速の通信を行う場合でも、通信方式によって遅延が大きい場合と小さい場合があるということを理解していただくのが重要です。4Gでは無線通信区間で通信速度にかかわらず最小1／10秒程度の遅延が発生しますが、5Gでは同じく通信速度を問わず1ミリ秒、つまり1／1000秒程度に遅延が抑えられる仕組みにシステムが改善されているということです。

このため、超高速だから遅延が少なくなるのではなく、超高速通信が可能なことに加えて、超低遅延の通信が実現しているからというのが正しい理解になります。

④5Gを活用したサービスは、いつになっても出てこない？

5Gのサービスが2020年春に開始された時点では、まずスマートフォンを活用した消費者向け（B2C）の5Gの高速大容量通信サービスが中心になると考えられます。

他方で、5Gの三つの性能、特に超低遅延、同時多数接続を利用した「5Gならでは」のキラーサービスについては、いつどういったサービスが日本全国で利用可能になるかが、現在必ずしも明確になっていないということを否定するつもりはありません。先に商用サービスをスタートした韓国や米国、中国など各国も、多かれ少なかれ同じ課題に直面しています。

これは、5Gインフラ整備を先行して実施した事情によるところもありますが、確かなのは、5Gを利活用したサービスにはいくつかの波または段階があり、当初は大容量スマホ利用の他、4Gの延長として理解しやすいライブビューイングを含む4K・8Kの動画配信サービスや、低遅延性を活かしたeゲームなどアミューズメント系のもの、テレワーク（リモートワーク）などが想定しやすく、先行するだろうということです。

一方で、前章で触れた我が国の抱える深刻な社会課題を解決するため、そして2030年頃のオール5G化と前章で述べたSociety5・0時代を迎えるために、5Gの効用を活かす産業利用や地域課題解決を促す先導的なユースケースの創出やパートナー戦略、エコシステムの構築に向けた取り組みも、関係者が総力を結集して行っていかなければなりません。

5Gは、ある程度時間がかかっても、いずれ社会を大きく変える力を持っています。5Gをドラえもんの四次元ポケットにたとえるとわかりやすいかもしれません。

誤解のないようにしたいのですが、5Gそのものが「何でもかなえてくれる」のではなく、何でもかなえてくれるポケットの中の道具を取り出すことを可能にするのが、5Gということです。どのような夢を叶える道具を創り上げていくかは、産業界や地域の問題意識や自らの取り組みにかかっています。5Gの利活用とは、地域の問題であり、産業・企業の問題であり、「静かなる有事」のまっただ中にいる国民一人ひとりにとっても、決して他人事ではないのです。もちろん、政府も5Gの早期有効活用に向けた施策を講じていきます。

携帯事業者やベンダー、ユーザ企業、自治体などでは今、利活用への積極的な動きが見られます。ここで、その一端をのぞいてみましょう。

2 総務省の5G総合実証試験

◉先導的事例の開発に向けた国の取り組み

総務省では、5Gの実用化、それに向けた周波数割当て、サービス開始が現実味を帯びてきた2017年度から3年間にわたり、前章第3節で触れた八つの重点分野とその関係領域において、「超高速・超低遅延・同時多数接続」という基本性能が実際に十分実現できるかどうかを検証するために、携帯事業者、大学・NICT（国立研究開発法人情報通信研究機構）などの研究機関、ユーザ企業、自治体など産学官のアイデアやノウハウ、リソースを結集し、アライアンス形式で「第5世代移動通信システム（5G）の総合実証試験」を実施してきました。

これは、単に通信性能の技術的検証という目的だけでなく、三つの機能がどのような分野でどう役立つ可能性があるかという、ユースケース開発面でのフィールド・トライアルという側面も有しています。

いわば、5Gという新しい更地に種をまき、芽吹かせるための準備作業に等しいものです。実施から3年を経て、実用化が視野に入ったレベルでいくつかの「花」や「苗」が見えてきています。

◉総合実証試験の取組状況

2017〜19年度の3年間の5G総合実証試験の実施概要は、図表4-1に示すとおりです。八つの重点分野ごとに、2017年度は建機の遠隔操作、テレワーク、遠隔医療など携帯事業者が希望する5G利活用の技術検証を実施しましたが、年度を経るごとに大幅に実証テーマが広がり、2019年度には23もの実証試験が行われています。このうち、これまで実施されている実証試験の中から、いくつかの代表的な事例を紹介しましょう。

図表4-1　5G総合実証試験の実施状況

■初年度（2017 年度）は、実際の 5G 利活用分野を想定した技術検証を、事業者が実施したいテーマと場所で実施。
■2 年目（2018 年度）は、ICT インフラ地域展開戦略検討会の「8 つの課題」を意識し、技術検証・性能評価を継続。あわせて、**「5G利活用アイデアコンテスト」を開催**し、地方発の発想による実証テーマを募集。
■3 年目となる 2019 年度は、これまでの技術検証の成果とアイデアコンテストの結果を踏まえ、**5G による地域課題の解決に資する利活用モデルに力点を置いた総合実証**を、**地域のビジネスパートナーとともに実施**。

事業者提案型の実証（2017・2018）→ 地域課題解決型の実証（2019）

ICTインフラ8つの課題	実証テーマ（2017）	実証テーマ（2018）	実証テーマ（2019）
労働力	・建機遠隔操作 ・テレワーク	・建機遠隔操作 ・テレワーク ・スマート工場	・クレーン作業の安全確保 ・建機の遠隔操縦等
地場産業	—	・スマート農業	・酪農・畜産業の高効率化 ・軽種馬育成支援
観光	・高精細コンテンツ配信	・インバウンド対策 ・8Kパブリックビューイング	・VRを利用した観光振興 ・イベント運営支援
教育	—	・スマートスクール	・伝統芸能の伝承
モビリティ	・隊列走行	・隊列走行	・隊列走行 ・車両遠隔監視 ・悪天候での運転補助
医療・介護	・遠隔医療	・遠隔医療	・遠隔高度診療 ・救急搬送高度化 ・介護施設見守り
防災・減災	・防災倉庫	・スマートハイウェイ ・ドローン空撮	・鉄道地下区間における安全確保支援
行政サービス	—	・除雪車走行支援	・除雪車走行支援 ・山岳登山者見守り

5G利活用アイデアコンテストの開催 → 地域から出された利活用アイデアの実証 → 2020～ 全国での5Gサービス開始

（出所）総務省

①高精細・高臨場感の映像コンテンツ伝送

4Gの約100倍の速度で大容量のコンテンツを伝送できる5Gの実用可能性を検証するものです。スマートフォンやTVモニターでの動画視聴だけでなく、その双方向機能も活かして観光・教育・医療・防災・産業利用・スポーツ観戦など多岐にわたり活用が期待される4K・8K映像や3D、VR／ARなどのコンテンツを、東京オリンピック・パラリンピックにおける競技への活用や、それに伴うインバウンド観光を意識して、さまざまな環境下でストレスなく送受信する実証試験が行われました。実証試験は、都市部の人口密集地から郊外までの場所で幅広く実施されました。

一例として、福井県勝山市の恐竜博物館では、VR／ARを活用したバーチャル博物館ツアーを5Gで行う実証を行い、貴重な地域資源である博物館の魅力を効果的にPRする取組事例が示されました。これは、水族館や動物園でも展開可能でしょう。

また、特急電車と線路側間の通信（茨城県つくば市、東武鬼怒川線ほか）、スポーツイベントや災害対策用のドローンからの高速映像伝送（広島県尾道市、福山市）や放送事業者と連携したゴルフ場から遠隔地への5Gの機動性を活かした4Kカメラ中継伝送（千葉県長南町）などの取り組みも行われています。

4Gや2KのHD放送の延長線として比較的理解しやすい本実証試験の取組成果については、今後ともさまざまな関係者により、教育や医療への活用なども含め利用シーンに応じて多彩な形で応用・展開されていくと思われます。

②安全・安心を実現するスマートシティ

スマートシティは、廃棄物削減やエネルギーマネジメント、交通などを最適化する自動化・効率化が進んだ環境配慮型の街作りという文脈で語られることが多いのですが、この鍵となる技術がIoTによるセンサーネットワークや高解像度の映像ネットワークです。スマートな街の機能という意味では、環境面に配慮するだけでなく、センサー／映像ネットワークとAIを含むデータ解析を活用した安全・安心の確保や、渋滞の緩和など交通の最適制御を行うことも重要な要素となります。

5G総合実証では、東京オリンピック・パラリンピック競技会場等の重要な場所を想定した施設等の監視や、都市空間セキュリティを確保する広域見守りサービスへの5Gの有効性を示すため、方々に配した高所カメラや車載カメラ、警備員のウェアラブル（着用型）カメラ等の高精細カメラ映像を5Gを介して監視センターに集約し、映像解析により各種インシデントを検知し、検知情報や映像を役所や警備員と共有する実証を行いました。

2年度にわたる実証では、東京都墨田区の東京スカイツリータウンや京急羽田空港国際線ターミナル駅などを中心とするエリアで実施しましたが、安全・安心を地方にも展開できる取り組みとして、地方市町村での実施についても検討しています。

それとは別に鉄道駅構内における安全・安心の確保のため、警備ロボットや映像レコーダからの高精細映像の5G伝送とAI画像解析により、危険物や不審行動等を検出する実証も行われています。

このように、スマートシティを構成するIoTや高精細映像ネットワーク、AIなど構成技術の実証は完成に近づいている一方、すでにある「まち」をまるごとフルスマート化するのは、バルセロナやデンマーク、エストニアなどの例がありますが、新首都建設のように更地から街を作り出すような機会があればとても容易になります。

ここに目をつけているのが、トヨタが米国のラスベガスで開催された技術見本市「CES」でその計画を明らかにした、富士山麓に70ha、人口2000人規模のスマートシティを建設するという「Woven City」の構想です。

この構想は、街中やあらゆる建物、車両に備えられたセンサーネットワーク網（IoT）

から得たデータをＡＩで解析し、エネルギー管理を含むインフラのデジタル自動制御に役立てて市街地機能の最適化を実現するもので、スマートシティのプロトタイプ（原型）と位置づけられています。この街作りモデルは２０２１年から建設が始められます。それはまさに我が国にとって、Ｓｏｃｉｅｔｙ５・０の見本市としてのスマートシティと呼ぶのに相応しい取り組みになるのではないでしょうか。「Ｗｏｖｅｎ Ｃｉｔｙ」の推進に当たり、トヨタ自動車とＮＴＴが互いに２０００億円規模の資本提携と業務提携を行うことが、２０２０年３月に発表されました。両社は、トヨタが持つ自動運転などの次世代の車の技術と、ＮＴＴが持つ高い通信インフラの技術を組み合わせ、５Ｇの次の世代の通信規格、６Ｇの活用をも視野に新しい移動サービスの開発で幅広く協力し、最先端でアフォーダブルな（コストに見合う）スマートシティの構築・運営を推進していく予定です。

スマートシティの概念は幅広く、スマートシティとは、ＩｏＴセンサー／映像ネットワークやＡＩを用いた、街の最適化への各種取り組みの集合体であるととらえてよいと思います。したがって、個別の地域課題（交通制御、製造業、農林水産業、観光、インフラ監視、安心・見守り、ゴミ処理等々）の一部から導入するというやり方も、スマートシティ化をめざした現実的な選択肢と言えるでしょう。導入に当たっては、効率化や最適化を行いたい分野を特定し絞り込むことが重要になります。

他方、会津若松市のように、今すでにある「まち」をまるごとスマートシティ化するという野心的な取り組みも見られるようになってきました。2011年3月11日の東日本大震災からの復興支援策としてスタートした会津若松市のスマートシティプロジェクトは、単なる「復興」にとどまらず、少子高齢化や労働力不足といった課題への処方箋として、データとデジタルテクノロジーを活用して地方創生を図る取り組みへと進化しています。

スマートシティに関する自治体の取り組みは、一般的には環境なら環境、医療なら医療、交通なら交通と一つの分野で閉じていることが多いのですが（初めはそれでもよいのですが）、福島県会津若松市のプロジェクトは①エネルギー、②環境、③健康医療、④教育、⑤農業、⑥もの作り、⑦金融、⑧交通・移動手段の8領域にわたり、それらを共通に支えるプラットフォーム（クラウド基盤）を構築し、各分野の取り組みをワンストップで連携して運用しているのが最大の特徴です。こうした「都市ＯＳ」とも呼ばれる共通運用基盤を構築するためには、自治体が主導することはもちろんですが、都市開発事業者、各種の社会サービスの提供者はもとより、街で暮らすすべての人々が「市民目線」で協働することが不可欠になります。

このような取り組みが各地で生まれ、有機的に連携するようになれば、人々は、IoTをベースとしたアンビエントな環境（周囲のあらゆるところでICTが利用され、意識せずにそれらを使える環境）に見守られながら、気づかないうちに都市活動の効率化・最適化というメリットを享受することができるようになります。

③遠隔診療と救急医療

昨今、医師の都市部への偏在や医療機関の統廃合等が進む中で、誰もが公平で質の高い医療を受けられる環境を確保することは、特に地方において喫緊の課題の一つです。この鍵を握るのが、遠隔医療です。パンデミック（感染爆発）対応にも重要な役割を果たします。

和歌山県で行われた実証試験では、総合病院の専門医と遠く離れた診療所の医師を5Gで接続することで遠隔診療環境を実現し、診療所での遠隔診療や患者宅への往診の際に専門医によるサポートを行う実証を行いました。

群馬県前橋市では、救急搬送中の患者の高精細映像や検査データ、本人確認を含むマイナンバーカードに紐付く情報を、救急車両の中から搬送先病院と事前に共有することで、医師が適切な処置を行うとともに病院へのスムーズな患者受け容れを行うことを可能にする実証が行われました。

消防庁によれば、2018年の救急車の出動件数は661万件と、5秒に一度出動している計算になる一方で、救急搬送対応の医療機関の拡充がままならない中、効率的な救急患者受け容れに対するニーズは高まる一方です。救急搬送車内での事前のオンライン診断とマイナンバーカード関連情報を利用することは、こうした状況の緩和につながります。

これらとは別に、東京女子医科大学、デンソー、日立製作所などのコンソーシアムは、IoT環境を備え高度な検査や手術が行える車両、「動くスマート治療室」とも言えるSCOT（Smart Cyber Operating Theater）を開発しました。これは内閣府の「第1回日本オープンイノベーション大賞厚生労働大臣賞」を受賞しています。NTTドコモでは、5Gを使って外部と通信できる「モバイルSCOT」をMWC2019や2020年1月のドコモオープンハウスで展示し、5Gを使って外部の専門医から手術支援を受けるなど、さらに高度なモバイル医療を実現する活用事例として紹介しています。

④トラック隊列走行、遠隔走行監視

全国の幹線道などに広がるトラック輸送網は我が国物流の中心を占めていますが、近年はそのドライバーはきつい職種として敬遠されがちで、人手不足の傾向にあります。こうした中で、5Gの超低遅延技術を活用して先頭のトラックが後続の複数台のトラックを先導する隊列走行の実証が行われました。

これは、貨物車両の台数を増やすのと同じ論理で、一台の運転で複数台のトラック分の荷物が運搬できることから、輸送の効率化と人手不足対策に貢献できます。

隊列走行を実現するシステムは、後続車両周囲の映像を見る車載カメラを先頭車に設置するとともに、隊列走行する3台のトラックの車両間で5Gを用いた車両制御メッセージ伝送をし、エンド・エンドで実効10ms（1／100秒）の超低遅延を実現して、滑らかかつ高信頼の「隊列トラック間の電子連結」を実現するものです。新東名の浜松市区間、山口県宇部市、茨城県つくば市で実証実験が行われました。

⑤テレワーク、スマートオフィス

働き方改革の一環として、職場オフィス外でのテレワークの実施が徐々に広がっていま

す。ＢＣＰ（災害時等の緊急時の事業継続可能性）の観点からも、都市部の企業が地方にサテライトオフィスを設ける動きも見られます。地方オフィスでは、従業員が豊かな自然に恵まれた快適な環境の中でテレワークを行うことができるというメリットもあります。

近年、テレワークを支援するシステムを提供するスタートアップ企業が出てきたり、テレワークに適した業務を営むＩＣＴベンチャー企業が増加する動きも見られます。新型コロナウイルス対策として在宅勤務が一躍脚光を浴びましたが、パンデミックなどの危機下でも人と接触せずに仕事をする手段としても関心を集めています。

総合実証試験では、今後テレワーク対応のバスやコネクテッドカー等に応用するニーズを想定し、企業のサテライトオフィスの設置で知られる徳島県神山町で、乗用車とテレワーク実施社の社内ネットワークを５Ｇで接続し、車内から高精細なＴＶ会議システム等を使って仕事をする「動くサテライトオフィス」の可能性を検証しました。

これとは別にテレワークサイトに従業員の体調情報（呼吸、脈拍情報など）、着座情報や環境情報（気温、湿度など）を自動で計測するセンサーを設置して、収集したデータを活用して快適なオフィス環境を実現する５Ｇ－ＩｏＴの取り組みも実施しています（広島県東広島市）。

動くテレワークオフィス環境については、今後自由な働き方をめざす上でニーズが高まることは間違いありません。出張中だけでなく、都会では長い通勤時間の中でも時間を無駄にすることなく業務が可能になります。クルマ社会の地方で移動中も仕事ができれば、都会と地方の2拠点居住もやりやすくなるでしょう。東京都渋谷区では、テレワーク（モバイルワーク）通勤バスの運用実験を行っていますが、パンデミック時の自宅やシェアオフィスでのテレワーク、さらには移動しながらさまざまな場所で仕事ができるモバイルワークは、ノマドワーカーや障がい者の勤務にも適しており、オンとオフを区別しながらも、よりよい働き方の実現につながることが期待されています。

⑥建機の遠隔操縦、除雪車走行支援

建設業に従事する労働者は高齢化が進み、有効求人倍率も3倍を超えるなど人手不足が深刻化しています。特に人手の足りない地方では、建機・重機の効率的な稼働が求められています。

処方箋として、実際の土木施工現場で建機上のモニター10台の映像を見ながら、2台の建機を超低遅延機能を活用して同時に操縦する遠隔操縦の実証が行われました。その際、

災害時に光ファイバ等のバックホール有線回線が不通の状況を想定し、代替通信回線として無線エントランス回線を使った5G通信での遠隔操縦も実施し、その有用性が確認されたところです（バックホール回線とは、基幹通信網と末端をつなぐ中継回線です）。

この実証は、KDDIと大林組のグループにより行われましたが、NTTドコモとコマツが独自に進めている重機の遠隔操縦の取り組みも、関係者には広く知られています。

日本海沿岸や北部などの豪雪地帯では高齢化が進み除雪作業の負担が増大しており、自治体等による除雪車の運行も効率化や自動化が求められています。対応策の一つとして、長野県白馬村で除雪車の位置情報に応じた障害物情報を提供し、除雪車の転倒防止など除雪作業の安全かつ効率的な運行を、5Gの超高速通信を活かして支援する実証が行われました。

その際、除雪作業に合わせて、道路の損傷やゴミ収集状況などの重要生活拠点の情報を高精細映像として中継車から市の担当者にリアルタイムで伝える取り組みも同時に実施しています。

屋根に積もった雪の雪下ろしなど、今後自動化が期待される分野はまだ残っているものの、除雪という作業に5Gを活用できる可能性を検証することができました。

⑦地元農業と連携した日本酒造り

2017年度から2019年度にかけての総合実証の中で、個人的に最もユニークな取り組みだと感じたのが、5Gのほか4G、RFID（電子タグ）やセンサーネットワークを通じて①地元農家での米栽培、②蔵元での酒造り支援、③出荷した日本酒のトレーサビリティ、コールドチェーン実現の三つを同時に実証した、福島県会津若松市の取り組みでした。いわば、農業IoT、醸造IoT、流通管理を同時に行った実証です。特に醸造過程では、画像・動画・温度センサーにより醸造過程を遠隔管理し、職人の知見の形式知化（見える化）と技能伝承可能化を行いました。

かつて我が国には3000を超える日本酒の蔵元があり、地元の経済拠点的な役割を果たすケースも多かったようですが、2018年度の国税庁調査では、1433と半減しています。若年層の飲酒離れなどもあり、販路を海外に求める蔵も出ています。国内での競争は厳しく、杜氏《とうじ》の人手不足やきつい作業をやりきるために、一定の効率化や品質管理等は欠かせない状況となっています。

IoTやAIを使った科学的醸造については、山口県の獺祭《だっさい》や岩手県の南部美人などの取り組みが知られています。職人芸の世界に機械を持ち込むことにはいろいろな意見があるかもしれませんが、筆者は美味しい日本酒が安定的に十分に供給されることは、皆にメリットがあると思っています。

⑧工場での産業用ロボット制御

産業用ロボットの配置や作業内容の柔軟な変更を可能とする次世代の製造システム（ファクトリー・オートメーション）の実現などが目標です。デンソーの自動車部品工場において、ロボットの位置や姿勢、操作対象である製品を三次元計測センサーで測定した大容量情報やロボットの動作状況を5Gによりコントローラに伝送し、これを解析して制御する生産用ロボットのフィードバック制御の実証を行いました。

⑨スマートハイウェイ（高速道路の運用管理）

道路にはさまざまな情報が溢れていますが、これを積極的にデジタルデータとして見える化して収集することで、ドライバーや道路管理者にリアルな気づきを与えることができます。

スマートハイウェイの総合実証では、パシフィックコンサルタンツと前田建設工業が参加し、愛知県の高速道路沿いにあるセンサー、カメラ等のさまざまな装置からデータを効率的に収集するために、4Gと5Gを組み合わせたヘテロジニアス（オープンで多種多様）なネットワーク構成を取り、IoTプラットフォームにデータを一元的に収集しました。この結果、高速道路管理センターにおいて、橋梁の劣化情報、走行車両の監視情報、トラフィックセンサーや気象センサーによる渋滞情報などを収集し、道路交通情報や維持管理情報を効果的に関係者に蓄積・提供することができました。

センサー等による運行状況の把握や安全管理は、鉄道などの公共交通分野でも広がっています。川崎重工業、日立製作所、JR東日本、JR西日本などが、車両という単純なものの作りや列車運行から付加価値の高いスマート鉄道に脱皮すべく、熱心に取り組んでいます。川崎重工業は、貨物列車にカメラやセンサーを取り付けて軌道の歪みなどを検知し、適切な修理時期を予測する取り組みを始めました。日立製作所は、駅に設置したセンサーで混雑度を分析し、乗客の多寡に応じて列車の運行本数を最適化する「伸縮するダイヤ」サービスの実証実験をしています。ここまでくれば、Society5・0以外の何ものでもありませんが、それだけ現場の人手不足解消とベンダーの国際競争力獲得という目的が

図表4-2　各地で実施された5G総合実証試験（2018年度）

複数建機の遠隔操作（大阪府茨木市）
5Gにより複数台の建設機械の遠隔連携制御を実証
高臨場のコンテンツ伝送（福井県勝山市）
5Gにより恐竜博物館の360°映像を配信し、臨場感あるAR/VRを実証
VR端末
360°カメラ
ドローン空撮映像伝送（広島県尾道市、福山市）
スポーツイベントや災害時に、ドローンから5Gで高精細なリアルタイム映像配信
ドローン＆4Kカメラ
スマートオフィス（広島県東広島市）
オフィスのセンサーやカメラなどから5G通信でデータを効率的に収集する実証
センサー付きスマートチェア
スマート工場（福岡県北九州市）
センサーと5G通信を組み合わせて、産業用ロボットの柔軟な制御を実証
3次元計測センサ
遠隔医療（和歌山県和歌山市他）
若手医師や看護師の往診時に5Gで高精細映像を伝送する遠隔医療の実証
内視鏡検査の遠隔サポート試験
スマートハイウェイ（愛知県半田市）
高密度センサーと5Gによる橋梁点検の自動化、交通流監視を実現するスマートハイウェイの実証
トラック隊列走行（静岡県浜松市［新東名高速道路］他）
トラック隊列内の車両間の通信に5Gを適用し、車両走行制御や車載カメラ映像伝送を実証
除雪車走行支援（長野県北安曇郡白馬村）
5Gを活用した車両前方の映像アップロードや障害物情報の提供による除雪車運行支援の実証
救急医療（群馬県前橋市）
救急車両から患者の高精細映像や検査データ、マイナンバーカードに紐づく情報を5G通信で共有
5G通信設備を備えたドクターカー
インバウンド対策（東京都大田区［羽田空港国際線ターミナル駅］）
5Gを活用した駅構内の安全確保、コミュニケーション支援（多言語音声翻訳）の実証
ロボット＋4Kカメラ＋5G端末
通訳アプリ＋5G端末
スポーツ中継（千葉県長生郡長南町）
ゴルフトーナメントを撮影した4K映像を5Gによりリアルタイムで伝送
4K超高精細ハイスピードカメラ

（出所）総務省

切実だということにほかなりません。

全国各地で実施された総合実証試験を図表4－2にまとめました。個別の実証試験プロジェクトの詳細は総務省の、YouTubeにある5G動画チャンネル（https://www.youtube.com/playlist?list=PL7PI1l61-EVLG2pSuUkpXm06lqMFYWbp6）をご参照ください。

◉個人、中小企業、大学も参加できる利活用アイデアコンテスト

2017～18年度の総合実証試験の案件は、どちらかといえば携帯事業者やユーザ企業の着想に基づく利活用実証が中心だったことから、2018年に国民目線での利活用ニーズに応えるアイデアを募集する「5G利活用アイデアコンテスト」を開催しました。「地方が抱えるさまざまな課題を5Gによって総合的に解決する」という視点からすると、より個別の利活用ニーズを掘り起こしていくことも必要だと考えたためです。

「5G利活用アイデアコンテスト」には2018年の10～11月に、個人、自治体、大学や高専、企業、ケーブルテレビ事業者等から合計785件の応募がありました。応募案件はまず全国11の地方ブロックで選抜され、2019年1月に最終審査を実施しました（図表

図表4-3　5G利活用アイデアコンテストの結果

受賞	総合通信局等	提案者名	提案件名	テーマ
総務大臣賞	四国	愛媛大学大学院 理工学研究科 分散処理システム研究室	5Gの特性を活かした高技能工員の労働環境改善・労働安全確保・技術伝承の実現	働き方
5G特性活用賞	信越	不破泰	山岳登山者見守りシステムにおける登山者発見・空間共有機能の実現	遭難対策
地域課題解決賞	北陸	永平寺町総合政策課	同時多数接続と低遅延を可能とする近未来の雪害対策	雪害対策
審査員特別賞	近畿	久保竜樹	新しい一体感をもたらす5Gスポーツ観戦	スポーツ
	沖縄	株式会社沖縄エネテック	広範囲同時センシング映像の5G大容量データ転送による有害鳥獣対策	鳥獣対策
優秀賞	北海道	株式会社ディ・キャスト	「究極のパウダースノー」倶知安・ニセコエリアのUX向上	観光
	東北	岩手県立大学 ソフトウェア情報学部 チームCV特論 （塚田・細越・関・横田）	画像認識とドローンを活用した鳥獣駆除システム	鳥獣対策
	関東	3650/TIS株式会社	ガードドローン～5G＋ドローンによるスポット街灯、警備サービス	警備
	東海	株式会社CCJ、株式会社シー・ティー・ワイ	5G利用のお掃除ロボットとコミュニケーションツールとしての活用	暮らし
	中国	損害保険ジャパン日本興亜株式会社、SOMPOホールディングス株式会社	5Gを活用した高精度顔認証及びセンサーによる見守り・行動把握	介護
	九州	大分県	濃霧の高速道路でも安全に走行できる運転補助システムの確立	モビリティ

■コンテスト（最終）で選出された優秀なアイデアは2019年度の総務省5G総合実証に組み入れられた。

図表4-4　2019年度5G総合実証試験の実施例

テーマ	実施者	実施場所
高精細画像によるクレーン作業の安全確保	実施者：NTTドコモ、愛媛大学	実施場所：愛媛県
建機の遠隔操縦・統合施工管理システム	KDDI、大林組	三重県伊賀市
トンネル内における作業者の安全管理	Wireless City Planning、大成建設	北海道
見える化による物流の効率化	Wireless City Planning、日本通運	東京都練馬区
介護施設における見守り・行動把握	NTTドコモ、SOMPOホールディングス	広島県広島市
救急搬送高度化	NTTドコモ、前橋市	群馬県前橋市
遠隔高度診療	NTTドコモ、和歌山県	和歌山県和歌山市等
ゴルフ場でのラウンド補助	NTTコミュニケーションズ、ミライト	長野県長野市
酪農・畜産業の高効率化	国際電気通信基礎技術研究所、とかち村上牧場	北海道上士幌町
軽種馬育成産業の支援	国際電気通信基礎技術研究所、日高軽種馬共同育成公社	北海道新冠町
鉄道地下区間における安全確保支援	NTTコミュニケーションズ、伊藤忠テクノソリューションズ	大阪府大阪市等
被災時の避難誘導・交通制御	Wireless City Planning、日本信号	福岡県北九州市
選手・観客の一体感を演出するスポーツ観戦	国際電気通信基礎技術研究所、ジュピターテレコム	大阪府東大阪市
VRとBody Sharing技術による体験型観光	NTTドコモ、H2L	沖縄県那覇市
VRを利用した観光振興	KDDI、東海大学	熊本県南阿蘇村
映像のリアルタイムクラウド編集・中継	NTTドコモ、仙台放送	宮城県仙台市
スポーツ大会運営支援	KDDI、Goolight	長野県小布施町
伝統芸能の伝承（遠隔教育）	NTTドコモ、CBCクリエイション	岐阜県東濃地域
山岳登山者見守りシステム	KDDI、信州大学	長野県駒ヶ根市
雪害対策（除雪効率化）	NTTコミュニケーションズ、永平寺町	福井県永平寺町
トラック隊列走行、車両の遠隔監視・遠隔操作	Wireless City Planning、先進モビリティ	静岡県浜松市等
音の視覚化による生活支援	NTTドコモ、サン電子	岐阜県東濃地域
濃霧中の運転補助	NTTコミュニケーションズ、大分県	大分県

（注1）現時点での実施内容であり、今後、変更や追加等があり得る。実施者及び実施場所は主なもの

（注2）上段は実施者、下段は実施場所。**太枠はアイデアコンテスト**

（出所）総務省

4−3）。

2019年度の総合実証試験においては、23の実証のうちアイデアコンテストに応募のあった提案から18の実証テーマが選ばれ、2020年3月までさまざまなテーマ別の実証が実施されました。実証テーマについては、図表4−4をご覧ください。

本節で説明してきた総合実証のほかにも「この分野に5Gを導入すれば？」「こんな課題に5Gが使えないか？」とのアイデアやニーズは無数にあり、これまでの成果はほんの氷山の一角に過ぎないと思います。新たなアイデアを発掘しながら、本章第4節で示すような2030年の利活用イメージに近づいていければと思います。

3　携帯事業者の新たな挑戦

◉5Gの真価はロングテール分野に

5Gは一般利用者向けのB2C（消費者向け）だけでなく、B2B（企業間）やB2B2CまたはB2B2X（企業間連携による消費者等向け）という形で産業利用や地域課題解決に活用してこそ価値があると言われています。これには、どんな背景があるのでしょうか。

携帯事業者は、これまでネットワークを整備して利用者から通信料を回収することで利益を上げてきました。モバイル通信が生活に不可欠になるにつれて、さまざまなサービスを付加することはあっても、特に4Gのサービスでは、基本的に収益性の高いデータ通信料が大きな収入源でした。この傾向は5Gになっても続くでしょうが、技術的に超高速・大容量の通信だけでなく、超低遅延、同時多数接続という新機能が備わったことで、新たなサービスの提供可能性が広がってきました。たとえば自動車（スマートモビリティ）、産業機器、ホームセキュリティ、スマートメータ（スマート制御）、その他の社会経済分野（一次産業、災害対応、インフラ維持管理など）において、従来に比べ格段に高度なリアルタイム制御やIoTなどの、いわゆるロングテール分野におけるサービスの拡充が考えられます（図表4－5）。

こうした技術的可能性の広がりと並行して、「静かなる有事」の中で、特に地方において人手不足解消、生産性向上、ニッチ需要の取り込みなどへの需要は、今後飛躍的に高まっていきます。携帯事業者も、通信料金だけでは投資の回収が必ずしも容易でない地域において、以前は比較的低収益ということであまり目が向かなかったこうした分野においても、

図表4-5　IoT時代の産業構造の変化

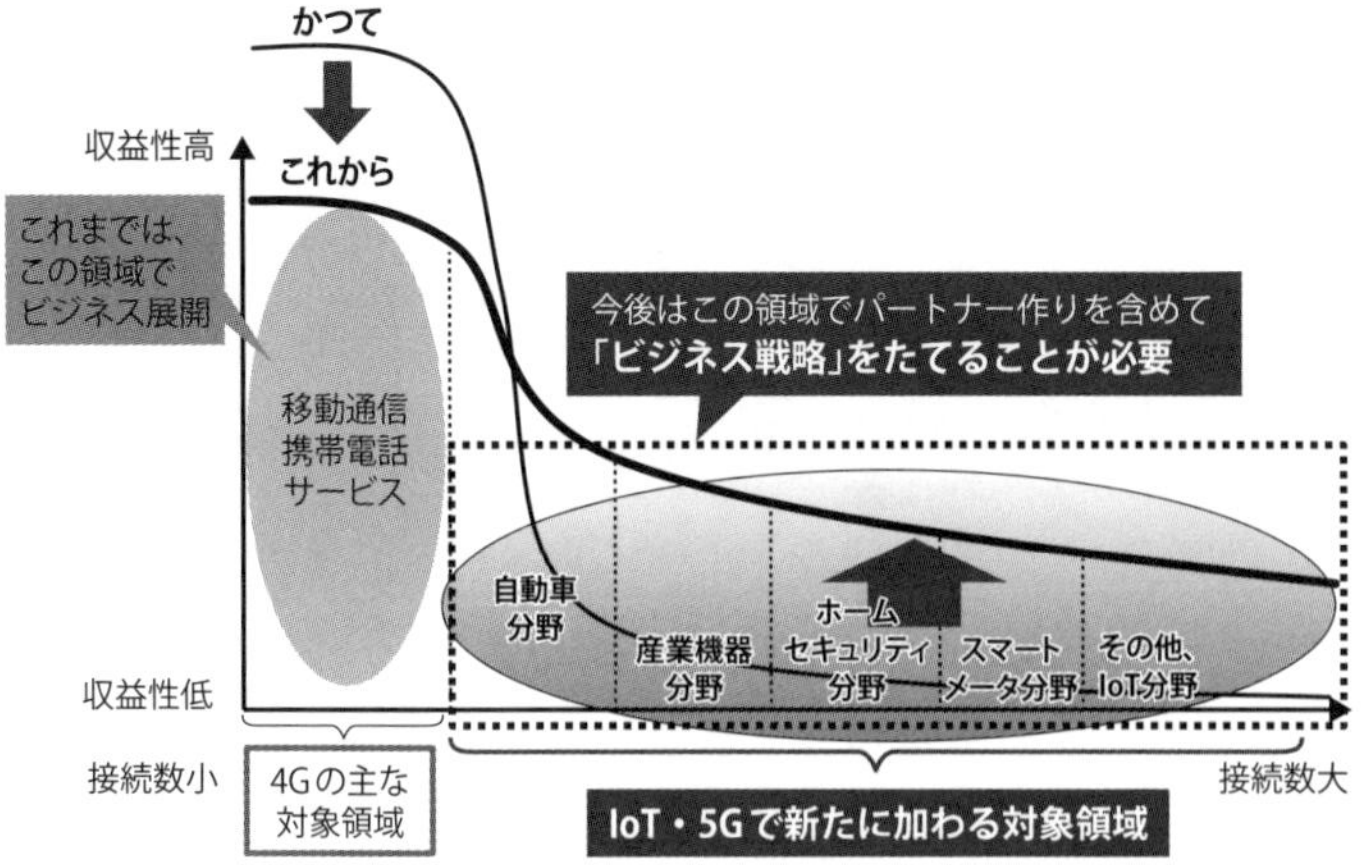

（出所）『日経コミュニケーション』（2015年4月号、日経BP）を参考に総務省作成

一定のマネタイズやビジネスを成立させることの必要性が明らかになってきました。

　他方で、多彩な個別分野における産業利用や地域課題解決を推進するに当たり、携帯事業者が5Gネットワークを整備しただけでは利活用の広がりに限界があることから、個別の分野でノウハウを有する多様なパートナーと連携し、「かゆい所に手が届く」比較的ニッチな産業利用や地域課題解決という領域での5Gサービスの展開を指向することにつながっています。技術の進歩と5Gへの期待の高まりにより、携帯事業者のビジネスや収益構造に大きな変化が起きようとしているのです。
もちろん、これとは別に間接的な動機として、人口減少は中長期的に将来の顧客基盤の縮小につながるため、これをくい止めることが必要という判断も含まれているかもしれません。

◉鍵となるパートナーシップ戦略

携帯事業者は5Gのユースケースを確立するためにさまざまなパートナーと連携し、5Gビジネスのマッチングや共創を探っています。

NTTドコモは、早くから5GにおけるB2B2X（X：企業や消費者等）のビジネスモデルの重要性に着目し、「ドコモ5Gオープンパートナープログラム」を創設し、2020年3月時点で現在3300以上のユーザ企業、スタートアップやベンチャー、地方自治体などと連携し、複数の開発実証拠点を設けてユースケースを開発中です。

KDDIグループは、5G時代の通信とライフデザインの融合をめざして、ビジネス開発拠点「KDDI DIGITAL GATE」を開設、金融業などとも連携しながら協業者と5GやIoTのビジネスモデルからサービスまでを共同開発中です。パートナーとの共創のため30億円規模の基金「KDDI Regional Initiatives Fund」を設けて、地場企業支援等の活動を開始しています。

ソフトバンクは、トライアル環境「5G×IoT Studio」をオープンしたほか、パートナー企業との複合サービス提供に向けて、子会社のヤフーが持つビッグデータや親会社ソフトバンクグループが出資するユニコーン企業のビジネスモデルやデータを活用するなど、グループ全体としての共創戦略を展開しています。

楽天モバイルも、楽天市場とのグループ内連携を重視しつつ、地方の企業や自治体と5G利活用を行う共創プラットフォームを提供することを表明しています。

◉契機となるラグビーワールドカップと東京オリ・パラ

2019年9月のラグビーワールドカップにおいて、NTTドコモ、KDDI、ソフトバンクは5Gの商用化の前段となるプレサービスを実施しました。このうちNTTドコモは、競技場から東京・汐留のライブビューイング会場まで5Gで4K映像をリアルタイム送信したほか、LGの5G端末を用意して、観客が好きな時に選手のスタッツ（チームや選手の戦績などの統計情報）を表示したり、得点シーンをリプレイしたりすることができる環境を構築してプレサービスを提供しました。

着目すべきは、メインとサブスクリーンを設置して映像の高精細度や臨場感を表現したのにとどまらず、チアリーディングタイムや元日本代表選手の試合解説を交えて、いわば一種のコンサートやショー仕立ての演出をし、観客に単なるパブリックビューイング以上の楽しみを与えていたことです。5G端末上でのリプレイやスタッツの視聴は、観客が無我夢中になる試合中よりハーフタイムや試合前後の利用に適していたとは思いますが、全体としてマネタイズの可能性を感じさせる利活用方法の一つだと感じました（各社の主なプレサービスについては、第2章の図表2−9参照）。

今後は、チケットの決済・認証やAIoT警備、メディア配信、観光インバウンドなどにも5Gの活用領域が広がってくることでしょう。2021年の東京オリ・パラや2025年日本国際博覧会（大阪・関西万博）など国際的な大イベントでは、さらに進んだ5Gの利活用が実施されるでしょうし、その成果が内外に発信・共有される大きな機会となると考えます。

◉「脱・携帯電話事業者」の時代へ

プレサービスで示されたスポーツ観戦モデルは、大容量コンテンツを利用者に5Gネットワークで配信するだけでなく、付加価値を付けた5Gサービスを提供するという意味で、B2C（携帯通信サービス）からB2B2C（他者との協業を通じた付加価値付きの通信サービス）へのビジネス展開を予感させるものでした。この傾向は、2020年1月のドコモオープンハウスの展示でも、一層明確になりました。

携帯事業者が通信料金で稼ぐ「土管」としてのビジネスから転換し、各社会分野におけるシステムやサービスをインテグレートし、ロングテールな5G利活用ビジネスに取り組んでいくことは、我が国の課題解決にとっても好ましい変化だと思います。携帯事業者が5G時代の主流となるB2B2Cモデルの「イニシャルB」として、業界の垣根を超えて他のプレイヤー（センターB）に働きかけ共創を育み、通信サービスを提供していくことで、5Gの多様な利活用の可能性が大きく高まると予想されるからです。

「イニシャルB」としての携帯事業者の役割は、個別の社会課題に対し5GというICTツールを使って各種ソリューションを統合しサービスとしてユーザ企業に提供するインテグレータ、またはファシリテータ（解決を容易にする者）、イネーブラー（可能にする者）といったものです。携帯電話40年の歴史を経た末の携帯事業者の役割は、ネットワーク整備を行い通信サービスを提供するだけでなく、リアルビジネスの起点としてユーザ企業

（センターB）と連携して共創し提供することへの移行という、一種の業態転換だったと言えるのではないでしょうか。

実際、各携帯事業者の5G開発拠点である共創スタジオやパートナーとの連携プログラムの現場を訪ねてみると、コンテンツ制作者、ソフトウェア技術者のほか、IoT、AI、VR、ブロックチェーン、フィンテック（金融ICT）の専門家やスタートアップ企業など、実に多彩な専門分野の人が集まっているのを目にします。気が早い話ですが、ポスト5G、Beyond 5Gあるいは6Gと言われる時代にも、こうした携帯事業者の方向転換は、より強化されて続いていくことと思われます。

◉利活用実証への参加者が拡大

先ほど図表4-4で、2019年度の5G総合実証試験のラインナップを示しました。その先は、試験の高度化に加えて商業ベースの実用サービス化を図っていく段階になっていきます。その場合、参加者は総務省や携帯事業者、一部の関連企業だけでなく、たとえば大学や高専、自治体、多くのスタートアップ企業、技術の実装に長けたコンサルタントやSIer（システムインテグレータ）等、非常に重層的になっていくと予想されます。

４社の全国携帯事業者以外に誰でもエリア限定で５Ｇサービスを提供できる「ローカル５Ｇ」については第５章で詳述しますが、そこで行われる利活用実証の目的や趣旨は、全国事業者が行う実証と大きな違いはありません。総務省はそうしたローカル５Ｇ等の利活用実証の実施について、２０２０年度は総額43億８０００万円の予算措置を予定しています。

4　２０３０年の５Ｇユースケース

◉未来予想図２０３０

前述のとおり２０２０年の５Ｇ商用サービス開始から10年後に当たる**２０３０年頃には、４Ｇから５Ｇへの移行完了とＳｏｃｉｅｔｙ５・０の実現という、二つの大きな出来事**が想定されています。

２０３０年における社会像や活動イメージは、具体的にどう変わるのでしょうか。一つの参考例が「はじめに」で紹介した総務省の５Ｇイメージ動画ですが、他の５Ｇ利用シーンや利活用分野について、分野別にもう少し具体的に見ていきたいと思います。

①教育

学校の教室での共同授業という概念が根本から変わるかもしれません。たとえば、天気のよい日には校舎を抜け出して気持ちのよい公園で世界の一流教師による遠隔授業（自動多言語翻訳）や自然の中でフィールドワーク。立体映像VR／ARを使ったデジタル教材と5Gネットワークがあれば、どこでも「青空教室」になります。フィールドワークは、学術情報系のドローンが収集したデータや画像・映像とクラウドデータベースを使って効果的に行います。生徒個人ごとの学習状況をAIが把握し、アドバイザーが適切にアドバイスすることで、教育効果の向上も狙うことができるでしょう。また、デジタル教材の作成や授業の記録も自動化され、いつでも好きな場所で臨場感たっぷりに使用・再生できるようになります。

②防災・減災

防災・減災分野では、IoTセンサーネットワークによる崖崩れや洪水検知のみならず、防災ドローンが火山噴火地など人の入りにくい場所から高精細映像を送るとともに、有害物質濃度の測定や映像解析で危険度を解析し、自動で避難情報を生成し配信します。

国土交通省でも、崖崩れ危険箇所や氾濫可能性の高い河川に水量センサーを取り付けて、法面や水位の変異を特定する実証実験を行い成果を上げていますが、こうした予知対策は、想定外の災害が相次ぐ時代にあって今後ますます重要になってきます。

V2I（Vehicle to Roadside Infrastructure：路車間通信）が実現し、自動車が冠水道路や決壊道路を、AIが予測した渋滞を避けて無事故走行し、避難を助けます。最悪の場合、自動車が人手に頼らず自律的に車庫を開けて住民を乗せて避難します。さまざまな場面に自動化が導入されることで、一歩も二歩も進んだ防災・減災対策が可能になります。

③農業

農業分野では、現在の自動トラクター運転がさらに進化し、プリセットやDVDの3D地図に代わり5Gでダイナミックマップをリアルタイムで作成・更新して、想定外の地形変化にも対応して自動運転するようになるでしょう。

また、葡萄畑やほぼ自動化された鶏舎・家畜舎などで、室温・湿度や病虫害発生、豚コレラ感染時のような異常行動等の状況を監視し、散水や空調・照明管理を遠隔操作できめ細かに行うことにより、品質管理の向上につなげることが可能になります。糖度計センサーとＡＩ高精細画像診断で、果実の成熟度チェックも簡単に行えるようになります。後者は、ツールを入れ替えれば、畜産業や、魚介の養殖業、林業でも同様に行うことができる取り組みです。

④医療

医療分野では、体全体のホログラム／デジタルツイン化診断や医療機関における遠隔でのＡＩロボット手術など、５Ｇの機能をフル活用した高度な医療サービスのほか、予防医療における5Ｇ活用サービスも盛んになりそうです。

体温・血圧・血糖値・睡眠の深さなどの生体情報（バイオデータ）は、今後機器を取り付けなくとも、皮膚に違和感のない絆創膏型のセンサーや、体に埋め込むインプラントセンサー経由で、３６５日24時間のビッグデータ収集が可能になります。こうして集まった個人の健康データは間断なくＡＩで処理され、感染の有無、未病の傾向や必要な食事制限、スポーツ要実施などのサインを通知してくれます。病気になる前に予防することにより、投薬や医療費の削減にもつながります。

⑤観光

観光や人的交流の分野では、眼鏡型やコンタクトレンズ型のMRゴーグルが活用されるでしょう。街への訪問者や観光客に興味のある名所旧跡やギフトショップ、飲食店等を、会話を自然言語解析して多言語でリコメンドしてくれるスマートガイダンスの提供が可能になります。また、VR空間内での同窓会や外部との交流会も開催できます。

現在、地域活性化の観点では、観光目的訪問者などの交流人口を増やすことから、その地域や自治体等と何らかの形でつながる「関係人口」を増やしていくことへと重点がシフトしています。そのための普段のムラの様子を伝えることや、イベントや特産品のプッシュ型のお知らせも拡充されるでしょう。何よりふるさと納税などにつながっていく循環・エコシステムが重要になってくるでしょう。生体認証やマイナンバー認証によるキャッシュレス決済によって、属人ビッグデータも得られ（データは匿名化）、地域に関心を持つ人の増加に向けたマーケティング対策も容易になります。

移住の促進手段としても使えます。いきなりの地方移住はハードルが高いため、リアルタイム実写とCG解説をミックスしたARを活用して、一定期間、仮想移住体験を提供するのはどうでしょうか。

⑥モビリティ

独居高齢世帯等への地域内での自動運転配車サービスやネットスーパーのドローン宅配が考えられます。

免許返納者や障がい者の移動をスムーズにするだけでなく、配達時に届け先の住民のカメラ映像をＡＩ解析して、在不在や健康状態等をチェックできるほか、車・バイク・自転車・電柱・信号機に取り付けたセンサーカメラで交通事故の発生、不審者や行方不明者をチェックする安全・安心な見守りもあります。

さらに、ＥＶと太陽光・バイオマス発電などの地産エネルギー、住宅の電源を連携させ、街中をＩｏＴとＡＩで最適エネルギー管理すれば、まさに持続可能な（ＳＤＧｓ）スマートシティが実現します。

⑦マイナンバーなどの個人ＩＤを連携させた取り組み

医療分野では、ＩＤによるカルテ管理や、けが人の救急搬送時の本人確認や保険証提出等の面倒な手続きの省略が可能ですし、出入国時の審査や検疫における自動本人確認・認証による迅速な手続きも実現します。小売店での顧客や買い上げた商品の自動ＩＤ認証によるレジ不要のキャッシュレス決済なども含め、その応用分野は多岐に及びます。乗車するだけで本人を認証する自動車なら、盗難防止にも効果大です。

このようなピッとかざす必要のない「コンタクトレス」なＩＤ・認証基盤は、５Ｇの機能そのものではありませんが、さまざまな利活用局面において５Ｇをアシストする重要な存在です。

◉50兆円市場をめざして

総務省では、２０１８年1月から7月まで開催された「電波政策２０２０懇談会」の審議過程において、５Ｇの経済波及効果として46兆８０００億円が見込まれると試算しました。これは、製造業・オフィス、交通、医療、小売、農林水産業、観光、教育、スポーツ、スマートホーム、建設・土木の10の分野別に経済効果を試算したものです。このうち最も波及効果が大きいのは、渋滞や交通事故の低減、自動運転の普及などが関連する交通分野で、21兆円と試算されています。

次いで、製造業・オフィス分野では、ＩｏＴセンサーネットワークやビッグデータの活用による工場業務の効率化（スマート工場化）などの進展により13兆４０００億円、医療分野では、IoTによる生活習慣病の予兆検知などで医療費の削減効果（約1兆円）が見込まれることで、5兆5000億円の経済効果がそれぞれ見込まれています。

他方で、5G時代において重要な役割を果たすであろう防災・減災分野やエンターテインメント分野は試算の対象になっていないことから、これらを合わせれば、経済効果は50兆円規模に到達する可能性もあります。

今後の10年は、この50兆円市場をめざして、携帯事業者やベンダー、自治体だけでなく、さまざまな分野のユーザやステークホルダーが密接に関わりながら、5Gサービスを現実のものにしていくことになるでしょう。

政府・総務省の総合実証試験のさまざまな事例や携帯事業者による各種取組事例と、本節で紹介した2030年の5Gをフル活用した社会は、非常に密接な関係にあります。現在はいわば「夢の途中」にあります。これから始まるのは、SFとまでは行かないものの、やや近未来的な**2030年のSociety5・0社会のイメージと2020年現在の取り組みのギャップを埋めていく作業**と言ってもよいと思います。

5 利活用をどこから始めるか

◉利活用ユースケースの積み重ね

「5Gを利活用した未来社会のイメージはわかっても、どこから始めたらよいのかがわからない」という自治体や企業の方々も少なくないでしょう。本節では実際の利活用の計画を立てるヒントについてお話しします。

各携帯事業者と自治体を含むパートナーとの共創事例については、各社がプレスリリースしたものを除き、企業戦略の観点から基本的に他事業者等への開示は難しいものも多いと思います。総合実証試験、新たに始まるローカル5G等の実証試験などの詳細な実績はまだ十分に知られていない事例も多いので、これらをメニュー化・カタログ化していくことで、地域ニーズと技術シーズの実現時期からユースケースごとの実装可能時期を推測し、5Gに興味を持つ自治体や企業、関係団体、地域住民などに還元でき、利活用の参考にしていただけることと思います。

総務省では、本章第2節で紹介した5Gアイデアコンテストに応募のあった785の提案のうち、上位約100事例を総務省5G利活用アイデアコンテストのホームページ(https://5g-contest.jp/)に掲載しています。利活用の「ネタ」としてご参照いただければと思います。

利活用についてどこかに相談したいと思っていても、最初はさまざまな面で敷居が高いと感じる方もいるでしょう。このような場合には、携帯事業者に相談し、オープン参加プログラムを通じて実証実験を行うことなども近道です。国や自治体においても、5Gのユースケースの実現に当たり、実際にネットワークや機器等を配置しなくても、実運用を想定した電波環境などをあらかじめシミュレーションできるエミュレータなどの実証環境の構築が、重要な役割を果たすことになるでしょう。こうしたエミュレータを使えば、利活用意向のある関係者が、気軽に技術実証やテストを実施してみることが可能になり、5G利活用のハードルが大きく下がることが期待されます。総務省では、5G、自動走行、ドローン、IoT等、新たな電波システムの実現に当たっては、今後新たに利用が想定される5Gを含む無線システムについて、実試験での検討に要する期間や費用の圧縮や、実環境では困難な大規模・複雑な検証を行うために、多様な無線システムを大規模・高精度でテスト可能な電波模擬システム(電波エミュレータ)の実現に向けた研究開発等を行う「仮想空間における電波模擬システム技術の高度化事業」を実施します（2020年度予算：30億1000万円）。

◉利活用の八つのヒント

ここで、5Gの利活用の視点を変えてみたいと思います。これまでは分野別や技術の適用が可能かどうかといった視点で解説してきましたが、今度は5Gが経済社会活動のどのような局面で役に立ちやすいのかという切り口で分類してみます。

①見える化・可視化

5Gの機能、特に大規模IoTを実現する同時多数接続機能は、目に見えない温度・動き・破損などの情報や職人的な「暗黙知」を可視化してデジタル・ビッグデータとして扱うことで、AI等による解析を可能にします。解析された結果は、現実空間に還元されて必要な自動操作や調整等に使われます。

収集されたビッグデータは、利用シーンごとの「お手本」としてモデル化されれば、作業の手順や操作法を教授するシミュレータ（模擬運転機、仮想運転機等）としても役立ちます。

水産業や製造業の分野で、熟練の漁師や職人の動きをVRやARで学ぶことができるのも、この可視化が前提となります。

②認識・解析

見える化が済んだ後、AIや画像認識などを行うのが認識・解析（＋分析）の作業です。デジタルデータであれば、人物などの固体認識や統計的なデータ処理などを含めて、実にさまざまな解析が可能となります。

③予知・予測

可視化、解析を経てたどり着くのが、予知や予測のステージです。

AIなどのコンピュータプログラムやアルゴリズムにより、検知・解析されたデータを基に、たとえばスマートファクトリーであれば機械類の故障予測、防災・減災分野であれば地震の震度による建物倒壊状況や想定避難経路の予測、林業分野であれば山火事の拡大範囲予測や森林植生の分布の変化傾向など、予測のステージには非常に多彩な応用が考えられます。これには、大量のデータサンプルと学習過程が必要になりますが、有用性の高い部分と言えるでしょう。

④制御・管理

①〜③で述べたとおり、デジタル可視化→解析→予測→機器等の制御という流れは、今後の生産性向上や効率化に当たり大きな意味を持つ、Society 5・0の中核的存在であるCPS（Cyber-Physical Systems）を構成します。特にAIによる解析、AIによる予測が効果を加速させます。

重要なことは、さまざまな通信方式、さまざまな機器操作等のインターフェイスが存在する中で、効果的なAPI連携等を行い、システム導入のストレスを管理者に感じさせないことや低廉な導入・維持管理コストを実現することです。この意味で、クラウド化と堅牢なセキュリティといった硬軟の要素を上手く両立することが求められます。

⑤発信・共有

④までの流れとはやや異なりますが、さまざまなものが情報の発信・共有を高速大容量

で行えることも、５Ｇの大きな魅力です。

特に観光インバウンドなどでは、地域の情報発信が生命線を握る場合が少なくありません。自治体や地域の紹介動画を作成したり、掲載情報を更新するだけでなく、旅行業者や観光ポータル、ＳＮＳ、動画サイトなどに頻繁に投稿しリコメンド機能を活用するなど、積極的な発信が課題です。また、着地型観光ガイダンスをサポートするＡＳＩＣなどの観光クラウドも有用です。そうした中で、５Ｇによって誰もが４Ｋ・８Ｋ、ＶＲ／ＡＲなどの情報を発信できることはとても大きな変化です。

⑥交流

先ほども述べましたが、観光インバウンドによる「交流人口」の拡大のみならず、「関係人口」の拡大も重要です。

ＩＣＴによるプッシュ型ｅメール、ＳＮＳのほか、臨場感のある大容量コンテンツの活用や地域とつながった「関係住民」とのバーチャル空間交流といった取り組みが見込まれます。

⑦体験・伝承

まず思いつくのは、着地型観光での各種体験や産業分野における訓練等への活用です。暗黙知である「技術」「ノウハウ」「コツ」「秘伝」といったものをICTを介して伝えることが可能になります。VR／ARのところでも述べましたが、一つのキーテクノロジーは、VRに現実を重ねるARになると言われています。これは、ARゴーグルをかけた職人や作業員が先達の動きをリアルタイムでなぞり、シミュレートすることが、暗黙知の伝承に非常に効果的だからです。

職人技を直接伝承するのとは異なりますが、興味深い利活用例を一つご紹介しましょう。公立はこだて未来大学における水産業の技術伝承の取り組み（和田雅昭教授）です。北海道留萌市などで、漁師が高齢化する中でタコ漁の伝承にGPS情報を活用して各漁船の位置情報を共有するシステムを導入しました。経験の浅い漁師が熟練漁師の位置情報を参考に技法を習得できる方法を確立して、大きな成果を上げています。熟練者は、漁場はもちろん、操船や網の仕掛け方等もまったく違うことがわかっているのですが、こうしたICTを取り入れた取り組みが持続可能な水産業に向けた人材確保という面で、高いポテンシャルを有していることが示されています。

⑧感応・感動

最後のポイントはややハードルが高いのですが、感応・感動です。この点、スポーツや祭りなどのイベント等での5G利用は、「楽しみを増幅する」という意味で比較的実現しやすいでしょう。他方、すでに宮城県石巻市などで実用化されている災害の記憶のAR視聴などは、鎮魂の意味でも感動・感応を惹起する利用方法だと言えるでしょう。

◉地域課題に向き合う

5Gの利活用の前に、各自治体がそもそもどんな課題を抱えているのかをはっきりと把握する必要がありますが、それができている地域や自治体は、もしかするとさほど多くないかもしれません。そのため地域課題への気づきや5G等の利活用可能性をコンサルタントに丸投げするケースも非常に多いと聞きます。こうすれば担当者の気は楽になるでしょうが、ことはそう簡単ではなく、最終的にほぼ何の成果にもつながらないケースを筆者もこれまで目にしてきましたし、またそれは数多くの識者が指摘しているところです。

5Gと地方創生論については第6章第1節で改めてお話ししますが、地域間で人口の争奪戦が起きていることを前提にすれば、(言葉は悪いですが)他地域で行っているありきたりの利活用事例をそのまま展開するのではなく、他とは違う一工夫やその地域なりの味付けを加えるというカスタマイズが重要になります。

地域の課題を解決に導いた「開拓者」は、実は全国あちらこちらにおり、枚挙にいとまがないのですが、その一つとして、岐阜県東白川村の例を挙げたいと思います。東白川村の一職員である桂川憲生氏は特産の檜を使った住宅受注システム「フォレスタイル」の産みの親ですが、その気づき、独学による構想からシステム会社との共同開発、システム導入までほぼ一人でこなし、「フォレスタイル」はシステム稼働後も実際に村民所得向上に貢献しています。「フォレスタイル」はＩＣＴとウェブを使って檜林業に依存する村の付加価値と受注額を16％以上増やし、地域ＩＣＴ活性化大賞・総務大臣賞を受賞、ＴＶのドキュメンタリー番組でも取り上げられました。一公務員の頑張りが、村を大きく支えたのです（参照ＵＲＬ：https://www.forestyle-home.jp/）。

インタビュー

5GとVRが実現する、より迅速効率的な診断、手術、遠隔医療

杉本真樹氏（医師・医学博士、帝京大学沖永総合研究所特任教授、Holoeyes株式会社Cofounder COO）

杉本真樹氏はVR技術を治療に取り入れた先駆者である。2016年、CTやMRIなど既存の画像情報を基に、手術前の患者の体内をVRゴーグルで可視化し、治療計画や手術支援、医師の研修用等に提供するサービスを行うベンチャー企業「Holoeyes（ホロアイズ）」を創業。その機能は5Gの活用でさらに拡充され、これまで存在しなかった新たな医療サービスの可能性も広がるという。

●忙しすぎる現場から、医療用3D／VRの開発へ

――先生が医療用画像の3D化に取り組まれるようになったのは、何がきっかけだったのですか。

大学病院から地方の病院に出向したとき、患者さんの数がものすごく多くて、現場の医師、特に外科医が疲弊していることを知りました。そのとき「限られた人数でより多くの患者さんを助けるために、外科手術を効率化しなければ」と感じたのです。

内臓の形や血管、病巣の場所は人によって大きく異なり、手術を行う外科医には毎回、未知の世界を進むような緊張感があります。そこでドライブでカーナビを使うように、医療の世界でも手術用のナビが作れないか、と考えました。

VRの技術を使ってCTやMRIなどの二次元の画像を三次元化し、どこでも治療のシミュレーションを行えるようにする。でもそんなことをしてくれる会社は世の中になかったので、自分で立ち上げました。

——それがHoloeyesですね。着想を実現するまでには、大変な苦労があったでしょう。

診断学は2Dが基本です。人体は3Dなのに2Dの画像で病気が読めなければいけない、3Dは遊びだという風潮もあり、医療用の3D画像は従来、なかなか手に入りませんでした。状況が変わったのは2003年、ジュネーブ大学の放射線科が医療用画像の処理ソフトを、オープンソースで配布したことでした。私は彼らと意見交換するようになり、それをきっかけに私も3Dの開発に協力するようになったのです。

ただ、それを利用する外科医はＩＣＴには詳しくないので、複雑な操作を好みません。広く使ってもらうためには「Ｗｅｂ上にＣＴやＭＲＩのデータをアップすると３ＤでしかもＶＲになって戻ってくる」というレベルまで簡略化する必要がありました。そこでＷｅｂサービスという形で提供できないかと考えました。

――一種のクラウドサービスですね。

はい。そんなサービスはまだ少なかったわけですが、幸い、自分のスキルを役立てたいという志を持ったプログラマーと出会うことができ、彼と一緒に起業して、一般の医師に医療用画像の３ＤＶＲ化サービスを提供するようになったのです。

●手術がより効率的に、技術の正確な伝承も

実際やってみて感じるのは、ＶＲとは特別なことではなくて、もともと立体（３Ｄ）のものをそのまま見ているということです。本来の患者さんは立体なのに、レントゲンとい

う平面（2D）に直して調べて、それを基に立体の患者さんを手術するというのはいかにも遠回りで、むしろはじめから3Dでやり遂げるほうが自然だと感じました。

本物の患者さんの体内は脂肪や血液などで不透明で、数ミリ先も見えないわけですが、これもVR技術で身体の奥のほうまで透けて見えるようにして、しかも自分が動きながら体験することで「もう少し進むと血管に当たって出血してしまう」とか、「あと少しでがんに当たる」といったことが予測できるようにしてやれば、実際の手術がより正確、効率的になります。そうした点で外科医にとって楽になることは、患者さんにもメリットです。

もう一つVRに期待している役割が、技術の伝承です。従来、外科の手術のテクニックはいわゆる暗黙知で、個々の若い医師が「執刀医の背中越しに」視覚のみで身に付けなければいけなかったのです。これを形式知化する上では、執刀医が目で見ているものを立体空間的に解析するのが効果的です。執刀医の手の動き、視線の動きを3Dスキャンして記録し、そのデータをVRゴーグルを被って立体空間で体験することで、手がこう出たら、自分の手もそれを追いかける、というふうに執刀医の動きをトレースすることができます。執刀医と同じ位置に立って、「二人羽織的に」体で技を覚えられるのです。すると若手には、それまで意図がわからなかったベテランの動きの理由までもが理解できるようになります。

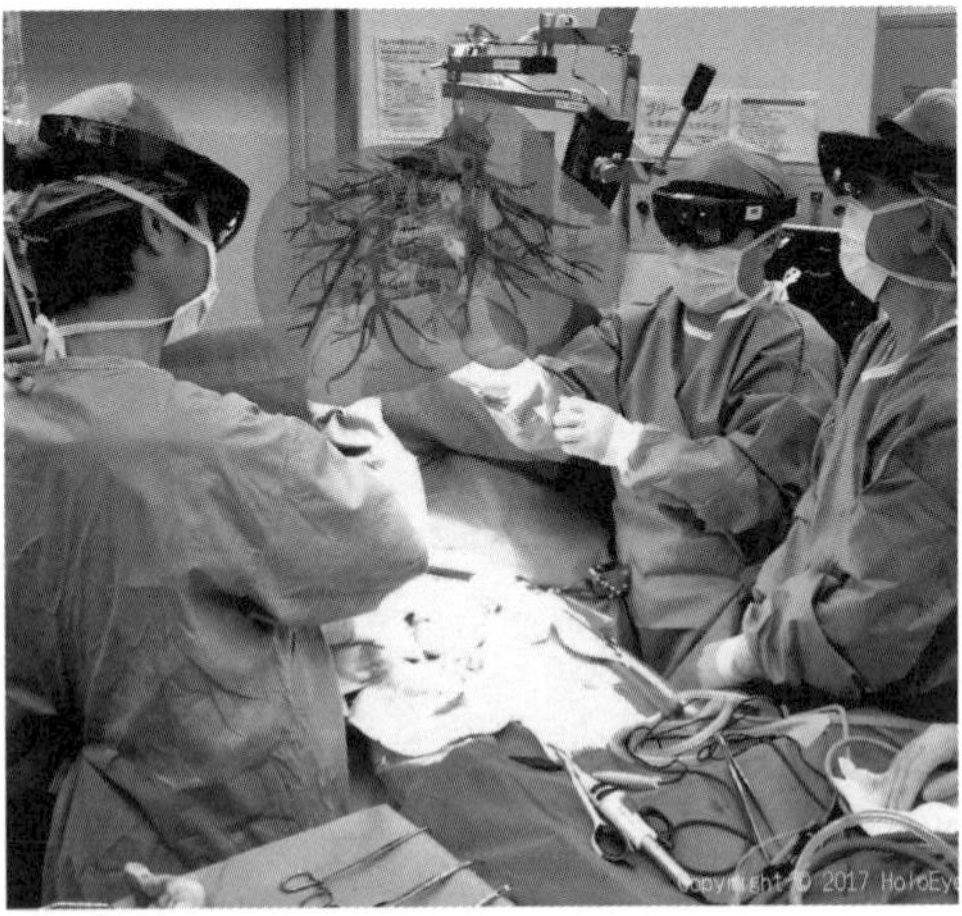

手術中に患者本人の CT 画像を 3D ホログラム化し、精密な手術をナビゲーション（写真上部にホログラム）

Ｈｏｌｏｅｙｅｓでは、そうして記録した動きをＶＲ空間で再現できるアプリとしてサービス化しようと考えています。撮影データから作ったポリゴンといわれる３Ｄと、それに対して医師がどう治療したかという手の動き、どう判断したかという認知。そうしたデータそのものがセットで求められるわけです。その意味ではＨｏｌｏｅｙｅｓはＶＲの会社というより、クラウドデータサービス・カンパニーなのです。

レントゲンの画像は個人情報ですが、それをポリゴンという座標データに置き換え、個人を特定する情報とは紐付けできなくしています。さらにデータを合成して、たとえばＡという人のデータから作った肝臓に、

Bという人のデータから作ったがんを入れると、新たなCというデータが作れます。そうすることで新しい手術方法も開発できるわけです。

実際の患者では試せない新しい手術機器の開発も、VR空間でシミュレーションしてみることで、より患者さんにフィットした形にデザインできる。こうした手法を「デジタルツイン」と呼びます。仮想空間上に本物をコピーしたモデルを作って、それを使ってシミュレーションすることで、医療の現場にフィードバックできる。医療機器メーカーもこの可能性に注目しています。

――触覚についてはどう処理されているのですか。

触覚は直接的には再現していません。人間は、触覚とされる感覚の一部は実は視覚で判断しています。物の硬さはその物体を叩いた反響音から、その素材が木だとかプラスチックだとかいう判断を経験的にしています。つまり視覚や記憶が触覚の一部の代わりになるのです。

そのような考え方がロボット手術のアームにも応用されているのです。ロボットアームには触覚がないのですが、3Dカメラによって視覚情報に奥行きを足し、臓器のゆがみを繊細に再現することで触覚を代用しています。日本では触覚のないロボット手術機器が

300台以上導入されていて、これは世界で2番目に多い台数ですが、実際に安全に手術が行われています。

人間の感覚をいかに拡張し、ロボットにその感覚を再現させるか、そこがバーチャル技術のポイントだと思っています。

●医療VR／ARと5Gの親和性

――医療情報のVR化事業を展開していく上で、5Gの可能性をどうお考えになりますか。

5Gが役立ちそうなテーマの一つがオンライン遠隔医療です。われわれは以前、医師と患者がお互いVRゴーグルをつけて、目の前に相手がいるような状況を体験するという、コミュニケーションの実証実験をしたことがあります。

その患者は93歳の男性で、それまでは平面のテレビでモニター越しに話しかけても、反応がありませんでした。映像がテレビ番組だと思っていたのですね。ところがそれをホログラムにした途端、現実の人だと思ってくれて、「いや、実はここが痛かったんだよね」などと話してくれたのです。

現状ではVR映像の通信にはまだ遅延や画素数、急な切断などの課題がありますが、

5Gではこれまでテレビモニター越しで行っていたオンライン遠隔医療を、たえず繋がっているのが当たり前になり、価値のある情報とコミュニケーションをスムーズに届けられるようになるでしょう。

また、今は一人の医師が一人の患者さんのデータを見て診断や手術を行うだけですが、5Gでは高精細の検査画像や大容量のARの同時的な情報共有が可能になり、手術室でのコミュニケーションや技術伝達がスムーズになることはもちろん、遠隔地にいる患者さんの治療にいろんな領域のドクターが参加したり、同じ病気の患者同士が知識を遅延なく共有するといったこともできるようになると思います。

●専門分野でICTを活用できる人材が求められている

――医師でICTも深く理解している人は、日本にはなかなかいないでしょうね。

医療ではどうしても患者のデータを扱うことになるので、個人情報保護が一つの壁になります。もちろん、Holoeyesでは個人に紐付けされた医療データからのデータを抽出してモデル化・匿名化しています。また、新しい取り組みには医療現場の抵抗感も想定されます。

それでも何か問題意識を持っているなら、「情報を得るためには、まず自分から発信しなければいけない」というのは大原則でしょう。私はそのためにSNSを活用したりメディア取材も受けたりしてきました。そうすることで興味を持った人たちが関心を示してくれます。その中の一人にHoloeyesを一緒に起業したCEO兼CTOの谷口直嗣氏がいたのです。

——すばらしい出会いですね。

どの分野でも、大事なのは「その道のプロと組む」ということでしょう。プロ意識を持った者どうしがつながると、一気に技術や知識が入ってきて、それがめざす階段を駆け上がる力になります。そのためには相手がこちらと組むメリットを提供できるようにしておくことが大事だと思っています。

●大事なのは、未来をよくしようという使命感

——日本ではまだ、VR、AR、XRというとゲームやエンターテインメント先行のイメージが強いですが、先生のような意欲旺盛な専門家の方が地方創生も含めてさまざまな社会課題分野におられれば、日本の未来も明るいものになると思いますが。

自分の取り組みにも周囲の抵抗感や、理解されないこともあります。いつも思っているのは、テクノロジーファーストでいくと、実はあまり上手くいきません。スマホの仕組みを知らなくとも、普通に使いこなせるのと同じです。Ｗｈａｔ ｈｏｗ ｗｈｙではなく、Ｗｈｙ ｈｏｗ ｗｈａｔなんですね。では上手く課題を解決する方法は何かというと、課題が解決されることはもちろん、より魅力的だとか、他人を楽しませることができるかが重要になります。それがＶＲであったりするわけです。

――確かに。他方で、技術的シーズは沢山ありますが、世の中にはまだまだ暗黙知のままであるものが多く、これを（可視化して）課題解決するというニーズと、技術的シーズをどうマッチングさせるか。ここを失敗しながらでも突破できるような「気づき」を与えるということが、大事だと思っています。

そうですね。失敗はよくあることです。その失敗は、未来をよくするためのきっかけにすぎません。中学生や高校生などにも講義をする機会があるのですが、未来を作る世代を支援することに使命感を持っています。しかし、本人がいろいろ考えて失敗しないと学べません。そうして将来、5年後、10年後に何か面白い、今では想像できないようなことをやってくれるのではないかと思って、楽しみにしています。

第5章

誰でも使えるローカル5G

第2章で述べたように、2023年度末までに、全国系の携帯事業者による計画的な5Gネットワーク整備が行われていきます。また、その後もカバーエリアの拡充は継続的に行われていく見込みです。他方で、今すぐエリア限定でも5Gサービスを使いたいというニーズもあることから、総務省ではローカル5Gという枠組みを用意し、2019年12月から免許申請受付けを開始しました。本章では、この概要を説明します。

1 ローカル5Gとは何か

◉全国各地域で、誰もが利用できる5G

第2章で述べた全国系の携帯事業者による5Gネットワーク整備以外に、総務省ではローカル5Gという制度的枠組みを用意しています。

これは、全国系の携帯事業者に割当てた28GHz帯や4・5GHz帯の残りの一部（まず最初は28・2～28・3GHzの100MHz幅）を、全国各地域の多様な5G利用希望者に開放するもので、地域や産業の個別のニーズに応じて、地域の企業や自治体等のさまざまな主体が、自らの建物内や敷地内でスポット的にかつ柔軟に構築できる5Gシステムのことです。

図表5-1　ローカル5Gの概要

■ローカル5Gは、地域や産業の個別のニーズに応じて**地域の企業や自治体等のさまざまな主体が、自らの建物内や敷地内でスポット的に柔軟に構築できる5G**システム。

〈他のシステムと比較した特徴〉

■携帯事業者の5Gサービスと異なり、
- 携帯事業者による**エリア展開が遅れる地域において**5Gシステムを**先行して構築**可能。
- 使用用途に応じて**必要となる性能を柔軟に設定**することが可能。
- **他の場所の通信障害や災害などの影響を受けにくい。**

■Wi-Fiと比較して、**無線局免許に基づく安定的な利用が可能。**

〈利活用例〉

■**建機遠隔制御**（ゼネコンが建設現場で導入）
■**スマート工場**（事業主が工場へ導入）
■**自動農場管理**（農家が農業を高度化する）
■**河川等の監視**（自治体等が導入）

ローカルというと、地方部に限定した5Gだと思う方もいるようですが、そうではありません。関東地方でもローカル放送があるように、都市部・地方部を問わず限定的な地域内で利用可能な5Gということです。また、市町村単位などとあらかじめエリア単位が決まっているわけではありません。

ローカル5Gが制度化された背景としては、第2章第1節で紹介した5Gの利用意向調査（参入希望調査）において、機器ベンダーやケーブルテレビ事業者から、地域で5Gを個別に利用したいとの意向が示されたことが、一つの契機になっています。

また、ドイツなどで製造業の効率化や生産性向上のために主として工場内で5Gを自前で使う5G利用の仕組みが導入されたこととも軌を一にしています。

ローカル5Gの主なメリットは、次の三つです。

①携帯事業者によるエリア展開が遅くなる地域において5Gシステムを先行して構築可能

全国系携帯事業者の計画では、2024年春までに、合わせて国土の98％の地域メッシュ（10㎞四方）に5G展開基盤（5G高度特定基地局：親局）を整備し、また2021年春までに全都道府県でサービスを開始する予定です。他方、各地域メッシュ内でどのように基地局（子局）を開設していくかは、ある程度需要見合いになると考えられます。このため、地域や世帯によっては、5Gサービスが提供されるまでにある程度の時間を要する可能性もあります。

この点は非常に重要で、ラストワンマイルならぬ「ラスト10㎞」のエリア内に5G基地局（子局）が十分に整備されていない場合であっても、ローカル5Gでは、エリア限定の免許を得て誰でも5G基地局等を開設し、早期にサービス提供が行えるというメリットがあります。

②使用用途に応じて必要となる性能を、柔軟に設定することが可能

特定の地域や施設等で5Gサービスを提供する場合、全国系の5Gサービスが想定していない、あるいは対応しにくい用途に5Gを使用する場合も生じる可能性があります。このような場合には、ローカル5G網を構築して、自前で地域特性等に応じた柔軟な性能やサービスをカスタマイズして提供することが可能です。

③他の場所の通信障害や災害などの影響を受けにくい

ローカル5Gは全国系携帯事業者の5Gネットワークとは異なり、当面は限定されたエリア（建物内、敷地内等）や閉空間での利用を想定しています。このため、特に公衆網と直接には接続しない自営用の閉域的なシステムを構築する場合には、サービスエリア外での通信障害や災害などの影響を受けにくい、つまり事故や災害等への耐性が強いことも、ローカル5Gの特徴です。

◉最初は屋内・敷地内利用から

2019年内に免許申請受付予定のローカル5G（第1弾）については、当面「自己の

建物内」または「自己の土地内」での利用（自己土地利用）を基本とし、建物や土地の所有者が自らローカル５Ｇの無線局免許を取得することが基本となります。建物や土地の所有者だけでなく、建物や土地の所有者から依頼を受けた者が、免許を取得してシステム構築することも可能です（市町村など決まったエリア単位はありません）。

ただし、固定通信的な利用に限り、他者の建物や土地等での利用（他者土地利用）を行うことも可能です。が、他者土地利用は自己土地利用に劣後するため、他者土地利用を行っている建物や土地等において当該建物や土地等を所有する者が自己土地利用としてローカル５Ｇを利用することになった場合には、速やかに他者土地利用を中止するなどの措置を講じる必要があります。

また、これと関連して、米国でベライゾン社が行っているように、ケーブルテレビ事業者を含む地域通信事業者が家庭までの引込線部分（ラストワンマイル）を、高速・大容量通信を行うために有線の光ファイバや同軸ケーブル等の代わりに５Ｇで整備し、ローカル５Ｇとしてサービス提供を行うことも可能になっています。

ローカル５Ｇの候補周波数帯域は、現時点で三つの帯域が設定されています。

①28・2～28・3GHz（ミリ波）の１００MHz幅：衛星通信と共用

図表5-2　ローカル5Gが使用する周波数と導入スケジュール

■ローカル5Gは、4.6～4.8GHz及び28.2～29.1GHzの周波数を利用することを想定している。本格展開は「SA構成」が導入される2021年以降となることが見込まれるが、地域のニーズに応じるため、**「NSA構成」を前提に28.2～28.3GHzについて先行して2019年12月24日に制度化**（免許申請受付中）。

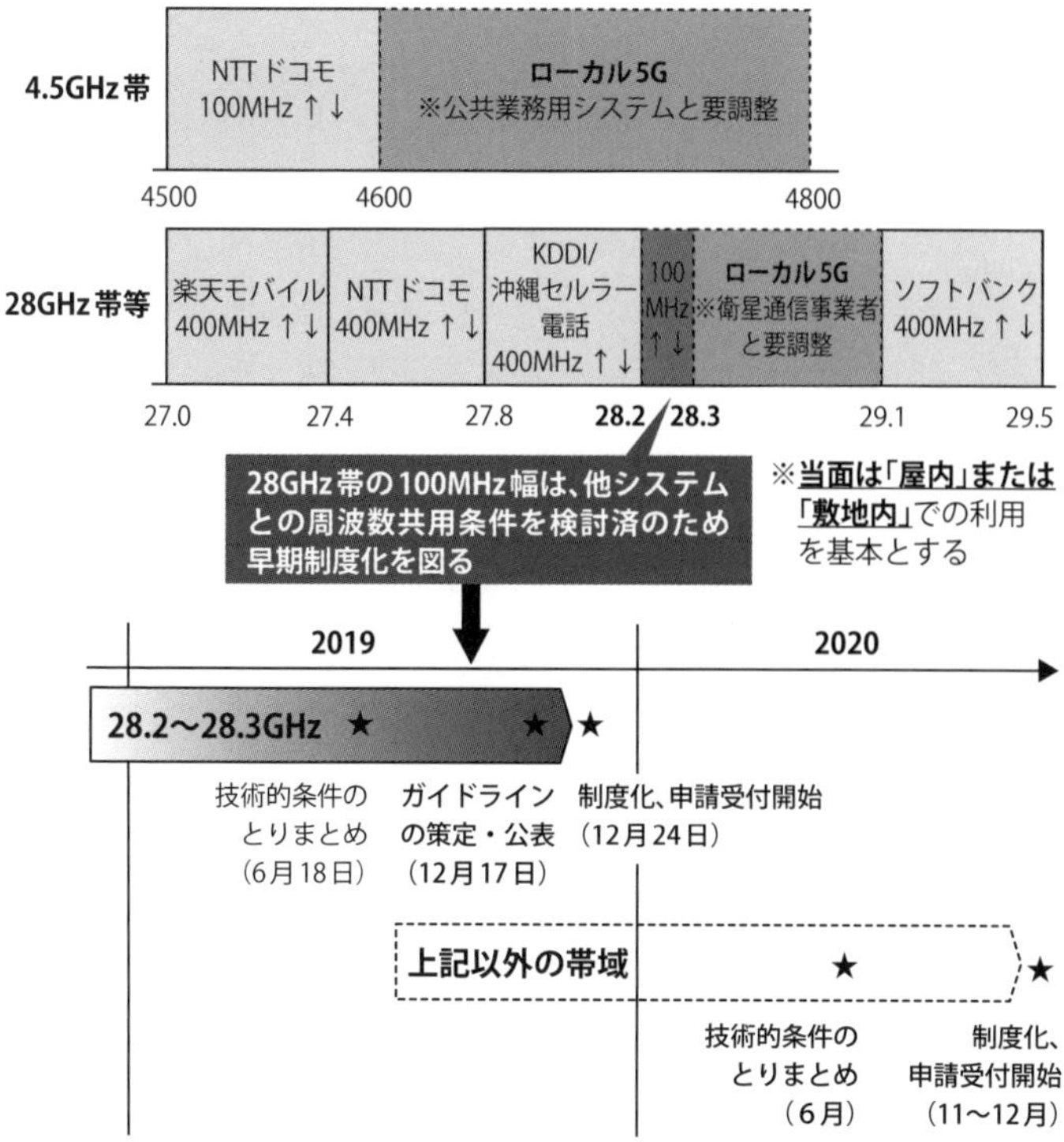

（出所）総務省

②28・3～29・1GHz（ミリ波）の800MHz幅：衛星通信と共用
③4・6～4・8GHz（サブ6帯）の200MHz幅：公共業務用無線通信と共用

この三つのうち、ひとまず第1弾として、他の無線局との周波数共用が比較的容易な①の周波数帯について、技術的条件の策定などの各種制度整備の手続きを経た上で、エリア限定の個別免許として2019年12月から申請受付を開始しました。残る②と③の周波数帯を使用するローカル5G利用等については、引き続き総務省の情報通信審議会等の場で検討が行われ、2020年夏頃を目処に必要な制度整備を完了する予定です。

なお、先行周波数帯（①28・2～28・3GHzの100MHz幅）における建物外や敷地外の開放空間でのローカル5G利用のあり方についても、2020年内を目処に継続検討される予定です。

通常、無線局免許は要件を満たしていれば申請の早い順に認められます。先行する①の周波数帯のローカル5G免許の申請を希望する者は、まったく同一の地域では基本的に先行的に申請した一者が開局することになるため、早めに申請することが望まれます。免許の申請は随時受け付け、標準処理期間は1カ月半となっています。

2020年3月末日現在、図のとおり13者が免許の申請を行っており、今後とも申請数

図表5-3　ローカル5Gの免許申請を受け付けた申請者（2020年3月末現在）

	主な用途	主な事業者
ベンダー	スマート工場等IoT向け ※自社工場に先行導入	・富士通 ・NEC
CATV	ケーブルテレビ ※有線ラストワンマイルの代替	・秋田ケーブルテレビ ・JCOM ・ケーブルテレビ（栃木） ・ZTV（三重） ・となみ衛星通信テレビ（富山） ・愛媛CATV
通信事業者	スマート農業やeスポーツ活用を見据えた実証環境の構築	・NTT東日本
	九州工業大学と連携した実証実験を予定	・QTネット（福岡）
大学	実証環境の構築	・東京大学
自治体	中小企業やスタートアップ向け実証環境の構築	・東京都 ・徳島県

（出所）総務省

が増えていく見込みです。

現在の申請者のうち、ベンダー各者は、自社工場も含めたスマート工場等IoT向けの5G利用を、ケーブルテレビ事業者6者は、家庭への引込線である有線ラストワンマイルの代替線として、ローカル5Gの利用を行う予定です。また、NTT東日本は、スマート農業やeスポーツ活用を見据えた実証環境の構築をめざす一方、東京大学、東京都、徳島県などは、中小企業やスタートアップ等向けに5G実証環境の構築を行う予定です。なお、ローカル5G免許の申請について、現在数十件規模の相談が来ており、今後とも開設者の増加が見込まれているところです。また、実験用の免許も数十社に対し交付されています。

◉ローカル5Gのシステム構成

5Gの提供には、一般にコアネットワーク、基地局、端末（スマートフォンなど）の大きく3種類の設備が必要です。基地局は電波を発射して端末との間でデータ信号をやり取りし、コアネットワークがデータ信号の処理（経路設定や回線制御、インターネットへの接続など）を行います。なお、超低遅延機能を一層効果的に活用するためには、エッジ・コンピューティング（MEC）設備の利用環境整備も必要となります。

ローカル5Gのネットワークを構築する際、基地局と端末はもちろんですが、とりわけ機器を購入すれば高額となるコアネットワークの調達をどうするかが、一つの鍵になります。

現在の5Gシステムは、第1章第3節で述べたように、当面は4Gコアネットワークを使って5Gサービスが提供されるNSA（ノンスタンド・アローン）方式が基本のため、ローカル5G網を構築する際、4Gのコアネットワークや基地局（2・5GHz帯の全国・地

図表5-4　ローカル5Gのネットワーク構成について

■5Gは、導入当初の技術仕様上、5Gの無線局に加えて、制御のための信号をやりとりするために、**4Gの基地局、コアネットワークを確保する必要**がある。【NSA(注1)構成】

■2020年度末頃から、**5Gの基地局、コアネットワークのみで動作するネットワーク構成が可能**となる見込み。【SA(注2)構成】

■ローカル5G事業者等が、局所的な4Gの基地局、コアネットワークを自前で運用する仕組み（自営等BWA）を合わせて整備することが必要。

■この他、既存の全国MNOや地域BWA事業者から4Gの基地局やコアネットワークを借り受けることも可能。

（注1）NSA：ノンスタンド・アローン
（注2）SA：スタンド・アローン

域ＢＷＡなど）に接続する必要があります。

この点については、ローカル５Ｇ基地局の免許人がコアネットワークを自前で構築するか、もう一つの選択肢として、より廉価で安定した他社の４Ｇコアネットワークを借りてつなぎこむといった方法があります。基地局を含め、どちらを選ぶかはローカル５Ｇの免許人次第ですが、将来的に４Ｇコアネットワークを使用しないＮＳＡの５Ｇネットワークは２０２０年代初期に実用化されることをも考慮すると、現時点では、後者を選ぶ方が経済的に一定のメリットがあると判断する局面が多いのではないかと予想されます。

この「コア貸し」や、基地局設備、エッジ・コンピューティング設備等のリースについては、具体的に携帯事業者（ＭＮＯ）、５Ｇ機器ベンダー、ケーブルテレビなどの地域通信事業者等が4Gコアネットワークを設置し、多数のローカル5G免許人用にサービスとして提供する形態が想定されており、各社が実現に向けた意向を表明しています。

いわば、免許主体となる方に対する「ローカル5G as a Service」とも言うべきもので、ローカル5Gの免許を受けて無線局を開設するユーザサイドからすれば、整備コストや維持管理等の面から、より受け容れやすい形態になると考えられます。

◉全国系通信事業者との関係

前章でもふれたように、5Gの利活用や普及展開については、政府や携帯事業者だけでなく多様な者による協働・共創にかかっており、総力戦になると想定されます。

ローカル5Gは、利用局面に一定の制約はありますが、5Gのインフラ展開面でも全国携帯事業者のネットワーク以外の選択肢を与えるもので、ローカル5Gと全国系5Gが相互に補完しながら全国に展開されていくことが、利用者の利便性向上に結びつくものと期待されています。

他方で、全国BWA事業者（UQ及びWireless City Planning）を含む全国携帯事業者や、制度上移動体（携帯）サービスを行わないこととされているNTT東西もローカル5Gへの参入を希望していることがあり、さまざまな免許主体による地域限定の多様かつ公正なローカル5Gサービスの提供という本制度の趣旨に照らして、各免許申請希望者の制度的な位置づけについても検討が行われました。

この概要は次のとおりです。

①全国携帯事業者は、当面の間ローカル5Gの免許取得は不可（子会社等による取得は可）。

②ローカル5Gの提供を促進する観点から、携帯事業者等による支援は可能（ただし、携帯事業者等のサービスの補完としてローカル5Gを用いることは禁止）。

③公正競争の確保の観点から、ローカル5G事業者は、ローミング接続の条件等について不当な差別的取扱いを行うこと（特定の事業者間の排他的な連携等）は認められない。

④NTT東西について、携帯事業者等との連携等による実質的な移動通信サービスの提供を禁止。

趣旨を要約すると、ローカル5Gの展開に当たっては、自治体や企業、5G機器ベンダー、ケーブルテレビ等による積極的な活用が期待される一方、全国携帯事業者やNTT東西等の持つ技術力・資本力・ノウハウ等を活用することは重要と考えられるため、上記のような必要最小限の規律の下に、これらの社のローカル5Gへの参画を認めることが適当ということです。

実際に、NTT東日本は東京大学と連携して、「ローカル5Gオープンラボ」を2020年に設立し、ローカル5Gを活用したい企業や自治体向けに5Gを使ったサービスが実際に機能するか検証する場を設ける取り組みを明らかにしています。また、NTTコミュニケーションズも千葉県浦安市に5Gビジネスの検証環境を構築する取り組みを進めています。

第4章第3節でふれた携帯事業者の取り組みも含めて、こうした通信事業者等による5Gを活用したビジネスの試験・検証やマッチング、ローカル5Gの現場での支援は、5Gを推進していくために非常に効果的なことは間違いありません。

こうしたローカル5Gの免許主体のあり方や提供範囲等を含むローカル5Gの概要、免許の申請手続き、事業者等との連携に対する考え方等の明確化を図るため、「ローカル5G導入に関するガイドライン」(ローカル5Gガイドライン)が策定されました。これを含めて、2019年12月、ローカル5Gの免許に関する制度的環境の整備が完了しました。

2　ローカル5Gで広がる柔軟な利活用

◉全国サービスとはどう違うのか

第1弾のローカル5Gは、電波の到達距離が数百m程度とあまり長くない28GHz帯（ミリ波）の全国系携帯事業者より狭い周波数幅（100MHz）を使うため、どちらかといえばスポット的な利用が中心と考えられます。

また、前節で述べたように、利用範囲を基本的に「自己の建物内」又は「自己の土地内」と想定しているため、開放空間でも自由に通信できる全国系の5Gと比べると、自ずとカバー範囲にも制約があります。

他方で、ローカル5Gならではの、建物内や土地内では柔軟な利用が可能になるという特色があります。ローカル5Gで想定される利活用ユースケースについては、素直に考えれば、第3章で紹介したさまざまな事例のうち開放空間での利活用を前提としないものになると思われますが、建物内や土地内でこそ最適と考えられる利活用方法や、全国系の5Gサービス開始前に取り組むことが必要な利活用方法も想定されるため、このうちいくつかの事例について説明します。

なお、JEITA（電子情報技術産業協会）によると、ローカル5Gの市場規模は、2030年に世界では10兆8000億円、国内では1兆3000億円に達する見通しです。

◉ローカル5Gに適した利活用

ローカル5Gが特性を発揮しやすい利活用事例としては、次のようなものがあります。

①屋内・建物内の5Gエリアカバー

ローカル5Gについてまず一般的に想定されるのは、ビルやマンション、商業モール等の屋内での5G通信を確保するためのニーズです。全国系の携帯事業者が提供する5Gサービスが建物内にどの程度浸透するかは使用する周波数帯や電力、建物の構造によって異なってきますが、電波の浸透度が低い鉄筋コンクリート製の大規模な建築物の場合は、現在4Gで光ファイバ回線と屋内基地局を設置して建物内の通信エリアカバーを行っているのと同様の措置が考えられます。

屋内での無線ブロードバンドの確保という点では、5Gを公衆無線LAN（Wi-Fi）

に変換してカバーする方法も選択肢に入ってきますが、5G本来の三つの能力やＷｉ−Ｆｉよりも高い安定性を確保するためには、ローカル5G基地局を建物内に配置することが有力な利用方法になります。

近年、光ファイバ網やＷｉ−Ｆｉ完備を売りにした不動産物件が増加していますが、オフィスであれ住居であれ、高速ブロードバンド環境に対するニーズは以前とは比較になりません。その意味で、今後5G対応を行っていくことは、建物にさらなる付加価値をもたらす可能性が高いと言えるでしょう。

これは、学校インターネットにも同様のことが言えます。現在、小中学校でＰＣを一人1台配布する政策が進められていますが、超高速よりも「広く薄く」屋内・校内のエリアカバーを優先するのであれば、比較的容易に増設可能なＷｉ−Ｆｉが有利と言えますし、5G並みの大容量・超高速通信やＩｏＴの性能を重視するのであれば、5Gで屋内カバーを行うために屋内に基地局を増設することにメリットがあります。

最終的には、光ファイバなど設置・拡張等にかかるコストと求められる機能に応じて必要な手当てを講じていくことになるでしょう。5Gの全国整備のスピードや機器の低廉化は、後年になるほど効いてくることもありますので、先に学校内にＷｉ−Ｆｉを整備し、その上で、４Ｋ・８Ｋ、高度なＶＲやＡＲのやり取りなど超高速性を必要とする用途向けやリアルタイムの通信、ＩｏＴが必要な特定の場所から順に全国系の５Ｇやローカル５Ｇを整備していくことには、一定の合理性があります。この場合、Ｗｉ－Ｆｉ網を先に整備し５Ｇを後から導入しても、Ｗｉ－Ｆｉは引き続き構内における５Ｇの不感地帯を補完するために使われることから、Ｗｉ－Ｆｉ網の整備コストが無駄になることは基本的にないと言えるでしょう。

②身近な施設や土地での５Ｇ利用

地域には、さまざまな生活機能拠点が存在します。公園や遊園地、美術館・水族館・動物園、ゴルフ場、温泉、スポーツクラブ、ショッピングモール、スポーツ競技場、名勝・史跡・文化財などは、内外から多くの人々が訪れ、住民の生活に潤いを与えるとともに、この一部は観光資源としても大きな役割を果たしている大切な場となっています。

こうした場に人々が求めるものはさまざまですが、観光に適した場所であれば、「伝えきれないことを伝える取り組み」や「非日常的な体験」を加えることで、さらにその魅力をアピールすることができるでしょう。これらは、ローカル５Ｇが大きな役割を果たしうる利用シーンです。

たとえば、史跡や名勝ではVRやARを使って過去や未来を投影したり、季節による景観の変化を追体験してもらうことも可能です。また、水族館や動物園では、飼育されている生物の実際の生息環境や進化の歴史等を体験してもらうことで、新しい価値を発信することもできます。

博物館でも、素晴らしい収蔵品がありながらその存在や収蔵場所があまり知られていない（埋もれている）作品や資料、展示物は全国に多数存在し、これらをいかに上手くPRするかは、全国の地域において共通の課題となっています。

これらはほんの一例ですが、前章でふれたスポーツ施設での観戦スタイルの深化の例にならって、新しい技術やリッチなコンテンツを使って教育的意義を深めたり、掲示板の説明だけでは計り知れない情報を来訪者に伝えたりすることも、地域の魅力発信に貢献するローカル5Gの有力な利活用として想定されます。

現在全国に約2200あるゴルフ場についても、人口減少の影響で今後キャディなど従業員の確保も容易でなくなることが想定されており、効率的な経営が求められています。

このような中で、NTTコミュニケーションズは、総務省の5G総合実証の一環として、ゴルフ場に5Gの通信環境と多数のカメラを設置し、プレイヤーのショットの高精細映像を高速アップロードしてボールの落下地点を瞬時に予測し、球探しの手間を省く実証に取り組んでいます。このような5Gの利活用は「敷地内」利用のローカル5Gでも可能であり、回転率を上げ多くの利用者を受け容れることで経営効率の向上が期待できます。また、自動走行カートに備えたタブレット上でプレイヤーがゲーム感覚でプレイを楽しむという価値が加わることで、ゴルフ場の魅力アップに役立つと期待されています。

有効求人倍率が慢性的に高く、人手不足に悩まされている介護施設についても、ローカル5Gによる課題解決が期待できます。介護施設においては、急速な高齢化の影響で介護ニーズが増加する一方、通所・入所ニーズともに高まる中で、介護従事者へのなり手の減少が予想されており、都市部を含めて厳しいジレンマに陥っています。現在、こうした課題については、在籍情報や画像監視などを活用した運営効率化の動きが先行していますが、LIXILがCEATECで公開したような、便座に取り付けたセンサー等により便から入所者の健康状態を自動分析する技術も開発されており、今後の効率化の可能性はさらに広がっています。

長年にわたり地方財政の健全化に貢献してきた地方の公営競技（競馬、競艇、競輪、オートレース）についても、ローカル５Ｇの活用の可能性が考えられます。バブル経済崩壊やパチンコ・パチスロの隆盛、レジャーの多様化などの影響により、公営競技は１９９２年をピークに収益が悪化し、休廃止される競技場も増えてきています。２０１０年以降はインターネットによる投票（馬券購入等）システムの導入などにより売り上げを増加させている自治体も見られますが、若年層などに対するイメージ向上や公営競技の魅力アップを図るためには、まだまだできることはあるのではないでしょうか。

たとえば、競技主体である馬上、船艇、自転車、バイクなどに高精細カメラを取り付け、リアルな映像の場内・場外中継を行うことや、競技コース内に設置した多数のセンサーやカメラ等で馬体の動きを解析し中継・再生する、といった取り組みはすぐにでも始められるものです。また、地域のケーブルテレビやネット映像配信事業者等と連携して４Ｋで多元的な中継を行ったり、スタッツのＩＤで決済連携したりすることで公営競技デビューのハードルを下げ、売り上げ増に貢献できる可能性があります。

こうした取り組みは、５Ｇ利活用アイデアコンテストでも具体的に提案があったもので、地方創生上も十分なインパクトがあるものです。

③住居までのラストワンマイル

一部のケーブルテレビなどの地域通信事業者は、特に家庭までの引込線であるラストワンマイルに同軸ケーブルを使っているなど伝送容量に制約がある場合や、光ファイバに5Gを加えてさらなる高速・大容量化を図りたい場合に、ローカル5Gを導入することを計画しています。

米国では大手通信事業者のベライゾン社が、光ファイバ網の代替ネットワークとして、一部の地域で家庭にFWA（固定的な無線通信ネットワーク）方式で5Gを使って宅内への高速通信サービスを提供しています。同社は、このサービスに28GHz帯の高い周波数を用いており、各戸内への電波の浸透が窓ガラス等により妨げられる可能性があるため、窓枠を挟み込んで屋外の電波を受信し屋内に向けて発射する特殊なアンテナを採用しています。我が国でも日本ケーブルテレビ連盟や関連団体の地域ワイヤレスジャパン等が、こうした窓枠装着型アンテナを利用してローカル5Gによる超高速通信サービスを宅内に提供することを計画しています。

ローカル5Gが、直進性の強い28GHz帯から開放されていることから、宅内や構内で電波の不感地帯が生じる可能性がありますが、その場合には高速Wi-Fi等を併用することなどにより、こうした不感地帯をカバーすることが想定されています。

④IoT・画像×AI解析による高度な利活用（構内・敷地内）

屋内や建物内でローカル5Gを利用するニーズとして、産業面で注目を集めているのは、いわゆるスマート工場向けに5Gを活用する取り組みでしょう。中小企業を中心に、労働人口減少が進み今後とも人手不足が想定される中で、IoTやAIをフル活用して工場等のR&D（研究開発投資）、生産・製造、流通・在庫管理などの各工程で生産性を向上させることが急務になっています。

我が国の地方には、特定の産業分野で高度な専門性や多数の特許、高い市場占有率等を誇る、いわゆる一芸を持った競争力の高い中小企業が綺羅星のごとく数多く存在し、地域の雇用確保や活性化、グローバルプレゼンスの確保などに重要な役割を果たしている現状があります。

こうした企業も、特に地方では労働人口減少の影響を大きく受けることが予想されていることを考えれば、IoTとAIを駆使した高度なオートメーション化を進めることが喫緊の課題です。複雑な工程の設計・検知・制御等のシステムを構築する際に、ローカル

5Gは基盤的なネットワークとしての役割が期待されます。5Gサービスのスポット的で柔軟な提供可能性、提供時期、導入コスト等を考慮すれば、自営網としてローカル5Gを展開することには十分なメリットがあると考えられます。もちろん、携帯事業者の全国5Gの活用という選択肢も排除されるものではありません。

第4章第2節で取り上げたとおり、このスマート工場を5Gを使って実現する取り組みは、2018年度の5G総合実証試験で実施されており、一部ではありますが、その着実な効果が確認されています。

なお、スマート工場の仕組みと本分野の先進国ドイツの現状については、次節で紹介します。

このほか、敷地内での利活用として、先述したスマート農業による農業の自動化や、畜産業での牛舎や鶏舎等での5G利用も大きな期待を集めています。

たとえば畜牛は、各個体の良好なコンディションの維持が第一で、毛ツヤ、乳量、糞、反芻、休息などの状況を畜産者の目や勘で判断し、餌や水、放牧の時間などを調整しています。また、とりわけ神経を使うのが発情期の見極め方で、体色が微妙に変化したことを見極めて素早く繁殖行動を行う必要があります。

これらの管理作業は、多数の牛を飼っている畜産家が精緻に行うことは難しく、人手も限られる中で365日24時間の見守りが必要なことから、必然的に見逃しも多くなります。

このようなことから、たとえば帯広市のベンチャー、ファームノート社（住友商事が出資）では、映像やIoTセンサーでさまざまな体調管理情報を収集しAI分析を行うことで、畜牛の異常や病兆を検知するサービスを提供しています。また、畜牛の発情期については、4K・8Kなどの映像から個体ごとに発情期特有の体色の変化などを迅速に検知することが可能になりますが、正確な画像解析を可能にする高精細カメラ映像を利用することが必要となるため、4GやWi-Fiに代わり、5Gの導入が期待されています。

水産業においても、付加価値の高い牡蠣の養殖やナマコの資源管理（北海道留萌市や島根県海士町など）、魚の養殖筏の水質管理（愛知県愛南町など）等、さまざまな分野でAIoTの導入は始まっています。

これらの事例から見えてくるのは、前章で取り上げたSociety5・0やスマートシティの概念を具体化した大規模なAIoTのためのセンサーネットワーク、とりわけ高精細・高解像度映像／画像解析×AIを365日24時間体制で行う業務最適化に向けたサイバーフィジカルシステムへの取り組みは、原則として建物内や敷地内で行われるローカル

5Gを活用する場合にも、さまざまな課題解決への重要なアプローチになりうるということです。

農業IoTでは田畝の気候や土壌、作物生育状況、病害虫の発生や鳥獣被害等の常時監視と対応策の提示、酒蔵や味噌・醤油蔵などの醸造所では発酵状態の監視・状態把握、防災・減災分野では河川や崖などの危険箇所の監視とフィードバックや橋梁等のインフラ老朽化検知、介護施設での入所者の行動や体調把握、空港や駅などでの不審者や犯罪対策としての見守り・安否確認など、施設内・敷地内という制約の中ではありますが、非常に広範な分野のユースケースに応用可能なテクノロジーモデルが成立する可能性が高いと言っても過言ではないでしょう。

このモデルは、AI／IoTデバイスやシステムの低廉化が進むにつれ、今後それぞれの分野の関連技術開発と相まってより高度化され、すべての携帯ネットワークが5Gに置き換わる2030年頃には、当たり前のように普及していることが期待されています。

補足すると、IoT、高精細画像、AIを組み合わせて活用する方法は、黎明期から実用拡大期に移行しつつある段階で、今後まだまだ未知の利用領域の拡大が期待されています。技術的にも、温・湿度や位置・加速度、光学・音響、嗅覚などの各種センサー、バイタルセンシングに関わる心拍、呼吸数など多彩なセンサー類が実用化されていますが、今後さらにさまざまなセンシング技術が開発・実装されていくと予想されています。

生体情報を集めるセンサーを取っても、一層の高性能化だけでなく、衣服装着型、皮膚貼付型、スマートウォッチ連動型、さらには人体等に埋め込むインプラント型などさまざまなアプローチが生まれており、いかに効果的に違和感なく情報収集ができるかという点からも、デバイスは日進月歩を重ねている状況です。またセンサーによっては単価が100円を切っているように、デバイス価格の下落も進んでいます。

画像解析技術はNECなどが得意とするところですが、さらに精緻に分析処理を行うためのAIについても、学習するデータがより大量かつ継続的に蓄積されていくことで、より高度な判断を行うことができるようになるでしょう。

◉鍵を握る産学官金連携とローカル5G支援

このように、ローカル5Gの導入により、さまざまな地域課題解決のための柔軟な利活用が期待されており、技術やコスト的にも日進月歩の状況です。

他方で、特に地方発のアイデアの具現化には、通信技術・インフラ、人的リソース・財源のマッチングが大きな課題であり、地方からのアイデア／ニーズの実現を支える効率的な仕組みを構築することが必要となっています。

このようなことから、総務省では、地域の企業や自治体をはじめさまざまな主体が、農業、医療、モビリティ、地場産業など個別のニーズに応じて独自の5Gシステムを柔軟に構築でき、地域課題解決に資するローカル5G等の実現に向け、地域のニーズを踏まえて行う開発実証を支援する「地域課題解決型ローカル5G等の実現に向けた開発実証」の仕組みを設けました。初年度となる2020年度は、総計43・8億円の政府予算を確保しています。

このようなアイデア具現化に必要な多様なリソースは、地域や企業、自治体等が単独で確保することが可能な場合もあるでしょうが、真に地域に根ざしたローカル5G利活用の取り組みを着実に進めていくためには、多くの場合、企業や産業界、大学や高専、自治体や地域団体、金融機関といった「産学官金」の連携が非常に効果的なものとなります。

また、ローカル5Gの開発実証はそれ自体が目的ではありません。いずれにしても、実証後の実用ステージを見据えた場合、この産学官金の連携体制やコンソーシアムは、ローカル5G利活用の持続可能性を大きく高めることになるでしょう。

◉五つの留意点

ここで、少しテクニカルな話になりますが、ローカル5Gの免許を受けて無線局を運用し、地域課題解決に資する利活用に取り組んでいくために留意すべきポイントを、五つ挙げておきたいと思います。

①地域ニーズとのマッチング

携帯事業者の全国系5Gの場合も同様ですが、地域の抱える諸課題とローカル5Gが適性を発揮しやすい利活用の取り組みを上手くマッチングすることは、効果的な地域課題解決のために欠かせません。ターゲットが地場産業の育成なのか、防災・減災なのか、観光インバウンドなのか、一次産業の振興や再生なのか、超高速ブロードバンドの展開なのか、地域ニーズと自治体等の行政の決断が鍵になります。

この課題設定とローカル5Gの利活用の実施方針が定まれば、取り組みに必要な関係者（ステークホルダー）も自ずと特定されてきます。

②免許主体について

前述のとおり、ローカル5Gの免許主体は全国系5G事業者以外なら誰でも構わないわけですが、逆に言えば、誰が免許人となって取り組みを進めればスムーズに取り組みを実施できるのかを決める必要があります。企業が自社の効率的運営を目指してローカル5Gの免許を取得する場合、東京都のように自治体や通信事業者がローカル5Gの利活用を進めるための実証環境を提供する場合、実ユーザとして産学官金が連携して地域課題解決に取り組む場合、等々の状況に応じて、それぞれ免許人として相応しい者とその協力者や関係者が、よく意識を合わせておく必要があります。

③設備の準備

第1節で述べたように、ローカル5Gの導入に際しては、一般にコアネットワーク、基地局、端末、エッジ・コンピューティング（MEC）設備、光ファイババックボーンなどが必要になります（P242を参照）。

これらの調達には、自前でするか、携帯事業者やベンダー等が整備した設備等を使うのか、大きく二つの選択肢があります。また、この中間として、基地局など一部の設備は自前で調達し、コアネットワークやMECは借りて使用するといったこともありえます。

いずれにしても、当初から本格的な設備整備にあまり気を取られるよりは、リーズナブルにサービス提供が行える環境を整えた上で、まず使ってみることが第一でしょう。

④無線技術の確保

5Gが通信ネットワークである以上、他のネットワークと接続しない「自営的な5G利用」の場合であれ、他のネットワークとつながる場合であれ、最低限の無線通信の技術基準を遵守し、無線通信のノウハウを有する技術者（無線従事者）を確保する必要があります（アンカーバンドである地域BWAについても同じ）。

この点についてローカル5Gの運用に必要な無線従事者は、基本的に電波法に規定する第三級陸上特殊無線技士となっています。この資格は短期間の講習を受ければ取得可能な資格ですので、スムーズな無線局開設に大きな負担となるものではありません。

また、ケーブルテレビなどの有線通信事業者やユーザ企業等においては、無線資格だけでなく実際に無線局を開設し、維持管理を行っていく技術者や利活用に向けたシステム開発・実装を担当する技術者の存在も重要です。無線局の維持管理については次に述べますが、前者については、地域の技術者やSI企業を頼るほか、全国系のベンダーやSIer（システムインテグレータ）、さらには5Gの利活用システム開発に長けた携帯事業者等と連携することも選択肢となります。地元で完結するのがアフターフォロー等の面で理想ではありますが、地域に技術者のプールがない場合には、こうした選択によりローカル5Gを有効に活用することが可能になります。

⑤運用管理

5Gが通信ネットワークを使ったサービスであることから、5G用の無線通信設備を適切に管理・運営していくことが求められます。

自前での運用管理に不安がある場合には、設備ベンダーや携帯事業者等に業務委託をすることもできますので、この点についても大きな問題にはならないでしょう。また、一年間の電波利用料も基地局一局当たり2600円、一端末当たり370円とリーズナブルに設定されています。

以上は、いわば当たり前の話ではありますが、大きな関心を集めているローカル5Gが、個別の免許を取得して行う取り組みのため、実務的なポイントを含め、頭の整理のために書き出してみました。

繰り返しになりますが、ローカル5Gは、地域ニーズや個別のニーズに応じてさまざまな主体が利用可能な5Gサービス提供のための新しい仕組みであり、取り組みへのハードルを必要最小限に抑えた制度的な手当てがなされています。今後、構内・敷地内や閉空間でローカル5Gを使った利活用がどのように開始されていくのか、非常に楽しみです。当初は5Gの利活用という面でも試行錯誤が続くかもしれませんが、役に立つユースケースが数多く確立されれば爆発的に広がる可能性もありますので、動向を注視したいところです。

3 産業利用先進国ドイツの動き

◉Industry 4・0

ここで、ローカル5Gと同様に5Gを柔軟に利用できる枠組みを設けて、工場などの製造現場をスマート化する「Industry 4・0」を推進しているドイツの取り組みを紹介します。

ドイツは日本同様、製造業大国ですが、全企業数に占める中小企業の割合が非常に高く、また日本より小規模な企業が多いという事情があります。また、日本と同様に少子高齢化が進行する中で、中小企業は人材不足に悩んでおり、若い世代に技術をいかに伝承していくかが大きな課題となっています。

他方で、ドイツは2015年から積極的に移民を受け入れてきましたが、これら移民は言語や教育水準も異なるので、製造現場で技術者が有する共通の「暗黙知」を可視化する必要があったことから、早くからIoTを初めとするICTやデジタルデータの積極的な活用が進んできたという経緯がありました。

ドイツで提唱された「Industry 4・0」は、こうした諸事情に根ざしたもので、一言で言えば産業競争力強化のために、特に製造現場でICTを高度に活用していくという動きに他なりません。現在工場等では何らかの産業機械が導入されており、また大工場の生産ラインでは高度なオートメーション化が進んでいますが、以前のように同じ製品を大量に生産するのではなく、多様な顧客ニーズに応えるため多品種の製品を少量生産する、いわゆる「マス・カスタマイゼーション」と言われる時代の要請に応えつつ稼働効率を上げていくために、いくつかの問題をクリアしなければなりません。

マス・カスタマイゼーションの世界では、製造ロボット等の産業機械を柔軟にレイアウト変更して、製品設計から製造、出荷に至るまでの工程を効率的に管理する必要があります。また、さまざまな機械類を制御し、不良品を特定したり生産ラインの故障・不具合を素早く検知したりすることも重要となります。この障害の一つ、特に柔軟なレイアウト変更に足枷となるのが、産業ロボットの作業アーム周辺や工場の床を覆う電源を含めた多種多様な有線ケーブルです。これを極力少なくし、機動性・拡張性に富んだ無線センシング等の検知・制御ツールを効果的に導入することが重要で、この課題をクリアするために、IoTや5Gという無線通信の役割が重要となります。

すでに、ボッシュ、シーメンス、BMW、フォルクスワーゲンなどの名だたる企業が、生産ライン等のスマート化に熱心に取り組んでいることが知られています。

◉IoTから5G×IoTへ

機械等の故障の検知や予測については、これまでの大まかな耐用年数や「勘」に頼った判断だけではなく、目視では確認できない箇所を含めて生産ラインの要所に多数のセンサーや画像モニターを設置し、ＩｏＴでリアルタイムにデータ収集を行うことが重要になります。これには、生産ラインから収集できる振動やモーター音、発熱や金属疲労の兆候などさまざまな情報を検知し、デジタル化して解析する工程管理が大きな役割を果たします。現状の課題は、アナログメータの解読などですが、これも映像×ＡＩでクリアできるようになるでしょう。

また、産業機械類のレイアウトの変更には、製品設計、生産工程の設計、ライン変更後の稼働状況チェックといったプロセスが必要となりますが、これを高度に進んだ自動化とデジタル技術で迅速かつ柔軟に行うことができる技術や製造プラットフォームが確立されてきており、ＩｏＴ、５Ｇや画像解析などをその情報収集ツールとして活かすことで、生産性は大きく向上することとなります。

工場以外では、熱中症や落下事故などの懸念もある建設施工現場でも、労働者の作業状況や体調の把握・管理、ヒヤリ・ハット段階での事故の防止などに対し、ＩｏＴセンサーネットワーク、高精細映像伝送、ＡＩ解析が大いに役立ちます。

つまるところ、５Ｇの導入は、同時多数接続による大規模かつフルコネクテッドのＩｏＴ実現とこのリアルタイム性を飛躍的に向上させることにつながり、結果として、製品の歩留まりと作業効率を上げることを可能にします。

◉スマート工場の最前線

スマート工場のショーケースとも言われているのが、シーメンスがドイツ各地で計画している大規模なスマート工場で、これらの中には5Gをフルに活用して研究開発、設計施工、製造、検品、在庫管理、流通を自動制御で行う野心的な取り組みも含まれています。

3・5㎓帯で5Gサービスを開始した韓国でも、4Gでは膨大な時間がかかっていた現場への3D画像データ伝送を瞬時に行ったり、作業員の安全監視に5GとAIを活用したりするスマート造船所等の取り組みが一部で始まっています。また、2020年までに中小規模の1000社の工場のスマート工場化を政府目標に掲げています。

我が国でも、人手不足解消や生産性向上の切り札として、こうした製造現場革命の動きは加速しています。デンソーなどの自動車部品工場や、ファナックや安川電機、オムロンといった電子・電機分野の大企業では、携帯事業者を含むさまざまなパートナーと協業しつつ、ファクトリーオートメーション化に舵を切りました。今後、海外に散らばった日本企業の製造拠点が国内回帰の動きを見せていることからも、どのようなスマート工場化のソリューションが登場し、実装されていくのか、非常に楽しみなところです。

他方で気になるのが、日本情報システム・ユーザー協会の2018年度の「企業IT動向調査」のデータで、売上高100億円未満の企業では、デジタル化投資を行っている企業の割合は16・4%とまだ低いことです。AIやIoTは、非常に適した業種と必ずしもそうでない業種があるのかもしれませんし、その有用性への理解がまだまだ浸透していないとも考えられます。また、中小企業にはコスト面等でまだ敷居が高いということもあるのかもしれませんが、既存の設備に後付けで設置できるNTTドコモが提供している「IoT製造ライン分析」のような低廉なスマート工場導入ツールは、「初めの一歩」として企業のコスト面での敷居を下げるのに役立つことでしょう。ソリューションベンダーの中には、いわゆるサブスク型で、センサー群やネットワークシステムの構築などの初期投資を含めて、月額料金のみのサービスを提供している企業もあるので、この利用も視野に入ってきます。

また、中小通信機器ベンダーの中には、エイビット社製の簡易コア・基地局のように、スマート工場向けの低廉な5G・IoT対応基地局を開発している企業も登場していることから、ローカル5G導入のハードルは年々下がっていくことが、現実に見込まれてきています。

こうした低廉な基地局設備や試行的なツールを導入することから始めて、トータルな費用対効果の検証を進めるなど、一歩ずつ着実にスマート工場化が理解され、我が国がスマート工業国として人口減少社会においても競争力を強化していくことを、大いに期待しています。

なお、我が国の大手ベンダーでは、東芝、日立製作所、三菱電機などがスマート工場向けのＩｏＴプラットフォームを展開していますが、独シーメンス（ＮＥＣと提携）など海外勢が廉価版のＩｏＴプラットフォームを武器に我が国の製造企業に攻勢をかけており、利用価格・性能・付加価値などさまざまな点で競争が激しさを増す中、その趨勢が注目されます。

インタビュー

牡蠣養殖でも通信技術をフル活用
ローカル5Gでネットワーク利用分野が急拡大

中尾彰宏氏（東京大学大学院教授）

ソフトウェアとハードウェアを分離させた通信インフラ「ネットワーク仮想化」の研究やローカル5Gの実践活動で知られる中尾彰宏・東京大学大学院情報学環副学環長・教授は、日本の5G通信研究の第一人者。第5世代モバイル推進フォーラム（5GMF）・ネットワーク委員会の委員長を務め、東京大学とNTT東日本による産学共同の「ローカル5Gオープンラボ」の設立も主導した。研究の一方で、自治体や通信キャリア、企業と共同で、通信技術による第一次産業の活性化や地域創生にも取り組んでいる。2020年2月には、東京大学・東京都・NTT東日本のローカル5Gに係る三者協定の締結を主導した。

●仮想化で劇的に下がる通信コスト

――先生は5Gのあらゆる面で先端的な研究を手がけていらっしゃいますが、どういったきっかけで移動通信の研究に入られたのですか。

修士在学中は物理学科で素粒子や宇宙論を研究していたのですが、その中で「より直接的に社会に貢献できる仕事がしたい」と感じ、情報系に転科し、人と人とのコミュニケーションの基盤となる、通信とコンピュータの分野に取り組むようになりました。

現在は①新しい世代の通信基盤を作る研究、②人工知能（ＡＩ）を用いて通信の自動化を進める研究、③通信技術による地域創生の実証実験という、三つのテーマを研究の柱としています。

このうち通信基盤については、有線ネットワークの仮想化の研究から始まって、5Gの無線領域にも関わるようになりました。

2番目の自動化ですが、最近は通信においても、ネットワークの運用の部分を中心に人手不足が問題になっています。そうしたところに、機械学習による自動化を進めたいというニーズが強くあります。

――3番目の地方創生というテーマでは、通信事業者による全国ネットワーク展開とは別に、特定地域内で独立に5Gを利用できる「ローカル5G」も注目を集めていますね。

いまローカル5Gについて講演すると、キャンセル待ちが出るほどの人気です。キャリアによる全国展開を待っていると時間がかかるので、早く5Gの環境がほしい人たちが集まって、草の根的に5G用の設備を整備しようという、「コミュニティ5G」という言葉も生まれたくらいです。このように誰でも最新の5Gの技術を使える時代になったということ、私はそれを「通信の民主化」と呼んでいます。

実際に5Gで解決したい課題を明確に持っている方はまだ少数だと思いますが、かつてない品質の通信を、Wi-Fiのように自分たちで自由に使えるという点が、期待を高めているのだと思います。5GはSIM認証なので、認証方式やユーザ管理などセキュリティ面でも一般的に使われるパスワード方式のWi-Fiより堅牢になり、センサー用途にも安心して使えますから。

――より安価に利用するために、ローカル5G限定の簡便な基地局や送受信設備を作ってほしいという要望も大きいようです。

機器のコストを劇的に下げる可能性を持つのが、「O-RAN」です。オープン化により異なる機器メーカー間の装置の接続を標準化し、仮想化と呼ばれる技術を用いて、ハードウェアを作り込む代わりに汎用のサーバーを利用、ソフトウェアで自動制御を行うことで、トータルでの設備コストを大きく下げることができます。Wi-Fiステーション並みに安くて小さな5G基地ができれば、普及の大きな力になるでしょう。

●牡蠣の養殖でも通信技術をフル活用

――先日見学させていただいた、広島県における「スマート牡蠣養殖」は、通信技術を使った地域創生の実証実験ですね。牡蠣を下げた筏に乗って、浮かんでいるブイからセンサーを引き揚げたり、水中ドローンを操作したり、とても新鮮な体験でした。

広島には地域の企業が最新のテクノロジーを活用する「ひろしまサンドボックス」という県主導の取り組みがあり、われわれもそれを利用させていただきました。ドコモの中国支社やドローンを製作している地元のベンチャー企業と共同で、通信技術を使ったデータに基づく養殖の研究を進めているところです。

センサーを海中に沈め、水温や塩分濃度など養殖のデータを取ったり、養殖場の海面を上空からドローンのカメラで捉え、牡蠣の産卵のタイミングをつかんだり、潮流による幼生の浮遊をシミュレーションしたりといった研究をしています。

牡蠣の産卵が始まると、海面が数時間から一日ぐらい白く濁るのですが、人間の目だと産卵なのか太陽の反射なのかわかりづらい。そこでドローンで撮影した画像を使い、われわれが開発したＡＩで判定しています。

――いろいろご苦労もあったことと思います。

地上に比べて通信が難しいことと、水中にセンサーを入れるので、シールが甘いと水が入ってショートしてしまったり、塩害で機器が壊れたり、長く水中に置く間に大量の生物が付着したりといった問題がありました。

もう一つの壁は地元の理解を得ることでした。第一次産業に従事している方は日々の仕事で忙しくて、なかなかＩＣＴの利用にまで時間を使う余裕がないのですね。今回は幸い、ＩＣＴに興味を持つ漁業従事者にご協力いただけましたが、これを機に「データを取り、それを利用して管理する」という考えが現地で広まればうれしいです。

――農業でも漁業でも、新しい技術に興味を持っている方はいらっしゃるのですね。

いらっしゃいますね。

——地方創生では、そういう方と先生のように技術をお持ちの方がうまく出会うことが大事になってきますね。

●動画通信によってドローン撮影を手元のスマホで確認

——現在の研究との関係では、5Gにどういった期待をお持ちですか。

現状では動画をリアルタイムで伝えられるだけの無線の容量がないため、ドローン撮影ではいったんSDカードに録画し、一飛行ごとにデータを回収しています。大容量の5Gになれば4K、8Kの映像もリアルタイムでスマホで確認できるようになるでしょう。すると「あ、今日は産卵があった」と気づいて、すぐ船を出して対応するといったことが可能になってきます。

もう一つの期待は通信範囲の広さと低遅延です。広島では水中ドローンで牡蠣棚の様子を撮影する実験もやっていて、今は人間がWi-Fiで操作しているのですが、沿岸からだと電波が届かないことがあります。そこを5Gで置き換えると、沿岸から安全に運行でき、操作へのドローンの反応も早くなり、かつ操作しながら水中の映像がリアルタイムで見られるようになるでしょう。このユースケースは、5Gの特徴である、「大容量通信」による高精細映像配信と「低遅延通信」によるドローン制御という二つの特長を駆使しています。
5Gの特長の一つである低遅延は、自動運転の実現も後押しするでしょう。われわれは今、NTTドコモと、事故が起こりやすい交差点や首都高の合流ポイントなどに5Gの通信アンテナを置き、路車間通信で車を制御し、事故をなくす「協調運転」の研究を続けています。人間の判断では事故が防ぎきれないシーンでは、人による操作に代えて、路面に設置した制御装置が各車を動かして事故を防ぐ。これも現状の通信回線では無理ですが、5Gなら可能性が開けてきます。

●日本の通信事業者の取り組みは後れていない

——仮想化された機器の開発のためには、ソフトウェアにくわしい人材が欠かせませんね。

ソフトとハードの両方を知っている人材を育てなければいけません。私の大学のラボでは、学生たちが懸命に基地局用のソフトウェアを作ったり、論文を書いたりしていますが、国全体でもそうしたソフトウェア教育を重視していただきたいですね。

——日本の場合、現行の4G通信用のインフラビジネスでは中国企業に水をあけられているし、5Gでも日本より早く韓国と米国がサービスを始めたことで、「日本は後れているの

ではないか？　大丈夫か？」という懸念の声も一部で聞かれます。

韓国、米国とも実際のサービス内容はこれまでの携帯電話の延長に留まっていて、これといったユースケースはまだありません。５Ｇの産業や社会分野への応用では、産学官一体でやっている日本のほうが進んでいます。またＮＴＴドコモをはじめとする通信事業者の取り組みは、世界と比べても上を行っています。日本の通信キャリアは海外のような「単なる土管」ではなく、各社とも自らベンチャーやスタートアップ、ユーザ企業と積極的にパートナーシップを組んで実証実験を行い、ソリューションを開発する方向に向かっていますから。

日本では、免許を交付する際に総務省が全国整備の条件をつけたこと、キャリア同士がエリア拡大競争をやってきたこともあって、５Ｇでも5年計画で日本全国の面的なカバーを進めていくことになっています。これだけ広範に国土をカバーする計画を立てているのは、世界でも日本ぐらいでしょう。

●オンラインで、食べたい牡蠣をクリック

――とはいえ全国の自治体でも、広島県のように5Ｇの利用に積極的なところもあれば、

関心が薄いところもあるようです。5Gによる地域創生を全国展開することが課題です。

広島はまず県知事が情報通信企業の出身でいらして、電波の周波数など専門的な話ができるのです。そういう方はなかなかいらっしゃらないでしょう。また地元の商工会議所がIoTやAIに期待して投資していこうという強い意欲を持っていて、ひろしまサンドボックスも実は商工会議所の出した資金を補助金として使う仕組みなのです。こういう先進地域でまずモデルケースを作り、「あそこで成功したのなら、うちも」という形で全国に横展開していければと思っています。

そうした活動の中でも、何か話題になる試みがあると多くの方々に関心を持っていただきやすいですよね。たとえば、われわれは牡蠣好きの方のために、広島で「俺の牡蠣クリック」という企画を考えておりまして（笑）。これはみなさんに水中ドローンをオンラインで操作して、牡蠣棚の中から「この牡蠣が食べたい」と思うものをクリックして選んでいただき、召し上がっていただこうというものです。来週広島を訪問する予定があるなら、これで気に入った牡蠣を予約して、それを料亭でいただく。あるいは宅配便で自宅まで送ってもらうという構想です。

――牡蠣一個一個が人間のようなIDを持つわけですね。

魚は泳いでいるので難しいのですが、牡蠣についてはすでにＡＩによる個体認識ができています。いずれは生きて動いている生簀の魚をクリックして選んで、購入するというサービスも可能になってくるでしょう。一般的には一次産業が後押しする食文化に「オーナーシップ」（生産の段階から所有する）という新しいビジネス要素を入れたいのです。片桐さんの「マイ牡蠣」を是非実現しましょう！

――それは楽しいですね。「マイ牡蠣」を食べられる日が待ち遠しいです。

第6章

持続可能な
2030年の未来社会に向けて

我が国の5Gについては、第2章で見てきたとおり、まず携帯事業者により全国的な5Gネットワークが5年から10年程度をかけて、神経網のように津々浦々に整備されていくとともに、第5章で述べたように、当面地域限定的なサービスを行うためのローカル5Gネットワークが、拠点的・スポット的に立ち上がっていくことになります。

他方、5Gネットワークと車の両輪をなす利活用については、それぞれのネットワークに適した地域ニーズや社会ニーズに沿って開発や実証が始まっており、レースで言えばスタートしてから第一コーナーを回り始めたところです。2030年頃の最終コーナーでどのような景色が見えるかは、これからの総力戦にかかっていると言えます。

本章では、この総力戦を迎えて地域や地方自治体、産業界などのステークホルダーが、どのような構えでこの5G展開の総力戦にチャレンジしていくことが肝要なのかについて、さまざまなポイントやヒントを述べていきます。

1 問われる地方自治体の真価

◉全国知事会議「富山宣言」のインパクト

２０１９年7月に富山県で開催された全国知事会議は、「Ｓｏｃｉｅｔｙ５・０の実現に向けた５Ｇの利活用に関する提言」、いわゆる富山宣言と呼ばれる提言を行いました。これは、５Ｇが地方の課題解決のために必須の基幹インフラであることを指摘するとともに、地方間格差のない５Ｇ網の整備を行うことや、国の支援の重要性を謳ったものです。

Ｓｏｃｉｅｔｙ５・０の実現に向けた５Ｇの利活用に関する提言（抄）

２０２０年春の商用サービス開始が予定されている第５世代移動通信システム（５Ｇ）は、超高速、超低遅延、多数同時接続という3つの特性を有し、都市部はもとより、人口減少が進む中山間地域や離島地域などの条件不利地域をはじめとする地方にとって、医療、教育、農業、働き方改革、モビリティなどさまざまな分野における活用が見込まれており、さまざまな社会課題の解決を図るＳｏｃｉｅｔｙ５・０時代における地方創生の更なる推進やデジタル活用共生社会の実現に向けた必須の基幹インフラである。

このため、地方において、５Ｇを支える高速・大容量、よりセキュアな情報通信基盤が整備されるとともに、さまざまな産業分野への５Ｇの利活用による新たな市場創出や、社会的課題の解決を促進できるよう、国において（中略）積極的に取り組まれることを強く要請する。

これまでも、情報通信インフラの整備促進については毎年提言が行われていましたが、「Ｓｏｃｉｅｔｙ５・０の実現に向けた５Ｇ」に特化した提言が行われたのは異例です。このことからも、都道府県が５Ｇに求める並々ならぬ期待と切迫感がうかがえます。

もちろん、各都道府県によって期待の温度差はあるでしょうが、少なくとも地方創生、地域課題解決に５Ｇを用いることの重要性が自治体によって広く認知・共有されたという点で、富山宣言は画期的なものだと思われます。

◉地域間競争という現実

言うまでもなく、地域は地域間競争や自治体間競争にさらされています。現在の典型的な地域の構図は、人口が過疎地から市街地に流入し、過疎地では少子化と相まってさらなる過疎に至る、市街地の人口はより利便性の高い大きな市街地に集中するというものです。今や中核市等に指定されている都道府県庁所在地ですら、隣県や近くの政令指定都市等に人口が流出するという状況に直面しています。

こうした中で、地域に住むことにメリットを感じられるためには、観光地や地場産業の集積地として賑わいと雇用があったり、子育てに優しいサポートがあったりと、住民にとって何らかの魅力が必要なのは当然のことになります。

さらに進んで定住・移住を促すのであれば、情報通信環境が整っていることはもちろんのこと、一般的には、山紫水明・白砂青松の美しい景観がありよそ者や環境に優しく、豊かな一次産業や高度な付加価値を持った産業や歴史的・文化的土壌、めずらしい飲食店、魅力ある人財が集うコミュニティが存在すること等々、トータルな環境を備えた魅力ある地域になることが重要であり、ハードルはより一層高くなります。

言うは易しと思われるかもしれませんが、逆に言えば、今は何もなくとも、ほかの地域には負けない、一芸に秀でた「尖った地域、尖った自治体」をこれから創り上げていくという楽しみがあります。5Gの利活用による各分野のサービス実装は、こうした地域の魅力づくりに大きく貢献できるポテンシャルを有しています。そもそもローカル5Gが制度化された趣旨は、地域の課題解決に資するスポット的な5Gを実現するためのものでした。

多くの自治体や地域が取り組んでいる米や果物などの一次産品の開発・生産は、間違いなく重要なものですが、毎年のように各地で新品種が売り出され、商品サイクルが年々短くなっていることから、差別化された特産品として爆発的に全国シェアが上がり、このステータスが長く維持されることは、なかなか難しくなってきています。

観光についても、ほかとの競争の中でまずは知名度を上げることが第一ですが、単に一時的に訪問してもらうだけでなく、口コミの評判を上げリピーターを増やす、あるいは地域へのふるさと納税につなげるために何ができるのか、交流人口から関係人口へという流れの中で、5GやICTの出番もおのずと明らかになってくるのではないでしょうか。

いずれにしても、我が国は、国土全体が地域資源大国です。各地域の魅力をどう効果的に伝え、その後の創生につなげていけるかは、各地域の地域資源の使い方・魅せ方次第です。

◉自治体3・0の時代

このような地域間競争の時代において、地方自治体が地方創生の主役の一人であることは、論を俟たないでしょう。現に、現在もさまざまな都道府県や市区町村が、首長や情報化のキーパーソンが主導するICTによる地域活性化に精力的に取り組んでいます。ただし、首長さえ動けばさまざまな地域課題の解決がなされるかと言えば、そうではありません。

現在、人口減少社会や高齢化への対応を含め、住民ニーズや行政課題が多様化・専門化している一方、自治体の予算は厳しく、職員数も減少の一途をたどっています。ごく小規模な自治体では、首長や地方議員のなり手すらいない状況です。朗報は、行政の抱える地域ニーズに連携して対応できる民間事業者、有識者・専門家、NPO、地域団体、住民などが確実に増えていることです。

何でもバージョン化すればよいわけではありませんが、自治体3・0とは、「住民をパートナーとして積極的にまちづくりに力を借りる」ことを意識し、具体化することができる自治体の姿のことです（奈良県生駒市の小紫雅史市長が提唱）。

「自治体1・0」とは、特に戦後の復興期を初めとし、国が期待する方針をミスなく着実に実行する自治体の姿で、その運営は専ら自治体が担う、いわゆる「お役所仕事」をする地方自治スタイルでした。

「自治体2・0」とは、自治体1・0がシンプルなミッション完遂型で、静かなる有事や財政危機などの大きな状況変化に柔軟に対応できない状況に陥ったという反省の下に、首長によるトップダウンにより、「住民はお客様」という意識を持ち接遇改善を進め、スピード感を持って市民ニーズに応えようとする姿で、実際に各地で一定の成果を上げています。

他方で、多様化・専門化する行政領域の広がりと予算・職員の制約といったリソース不足の相克の中で、こうしたスタイルの継続的な実現には、限界が生じることがあります。また、自治体がすべてを抱え込むことは、首長が代わるたびに行政の取り組み姿勢が（悪い意味で）一変してしまうリスクや、「お上が何でもやってくれる」という、自治体に対する住民の過剰な依存や要望の肥大化を助長しかねないリスクもあります。

「自治体3・0」とは、「自治体と住民の信頼関係」という本来あるべき姿に立ち返り、まちづくりや地域課題解決を住民やさまざまな地域のプレーヤーとともに「皆の課題は皆で解決する」行政スタイルを実現することです。5GやICTの意義は、難しいこと、手間がかかることを簡単にこなす、新しいことを生み出すことにあります。ですから、このような自治体と各種団体や住民などとの共創により、地域からさまざまな気づきを得て、地域に対する住民の理解や愛着、行動力が広がるほか、業務範囲の拡大とリソース不足という自治体のジレンマも解消することが期待できます。

具体的なイメージとしては、たとえば観光×ICTイベントなどを独自に企画する際に、イベント自体があまりない自治体は1・0、行政が企画してイベントを行う自治体は2・0、住民や企業、NPO、各種地域団体などが企画・プロデュースするイベントがある自治体が3・0、ということになります。

注意が必要なのは、自治体1・0はともかく、2・0と3・0は一義的にどちらかが万能なわけではなく、解決すべき課題により使い分けが必要だということです。自治体がスピード感を持って取り組むべき行政ならではの課題については、首長のリーダーシップの下、2・0のスタイルで精力的に行う一方、それ以外の地域全体として取り組むべき課題については、住民などにも積極的に汗をかいてもらうことで、自治体職員や住民に「まちづくりは自分たちが参加した方が楽しいし、うまく行く」ということに気づいてもらうことが、よりよい地域づくりのために重要です。

ただし、一方的に住民任せとなると、何のために税金を払っているのかと住民の不満も出かねません。住民等との共同作業を行うには、「行政でしかできない仕事は、どこにも負けない質とスピード感を持って行う」という自治体の矜持と覚悟が試されることには、大いに留意すべきでしょう。

いずれにしても、自治体3・0の実現により、自治体と住民が地域サービス向上のために手を携えながら、他方で相互に刺激を受けつつ切磋琢磨し、住民と地方行政による信頼関係の好循環を生み出すことができれば、地域が熱を持ち、激動の時代にもさまざまな課題解決が容易になってくるでしょう。この姿は、5Gを活用した地域課題解決に取り組む際にも、非常に重要な鍵になってきます。

話は戻りますが、ことICTを活用した地域課題解決にとって、リーダーたる首長の役割はやはり極めて重要であり、都道府県で言えば広島県、徳島県、富山県、山口県、東京都などが、トップダウンでICTや5G利活用への取り組みを熱心に進めています。

やや専門的でわかりにくいというイメージを持たれる傾向のあるICT分野ですが、今や産業的に成長する基幹産業分野であるだけでなく、一次産業、製造業、観光、建設・土木、交通、防災・減災、医療・介護、教育、環境、エンターテインメント等あらゆる分野において利用される横串のツールとして、社会的応用の可能性は無限大と言っても過言ではありません。地域のリーダーの方には、この認識を正しく持って地域や社会の課題解決に取り組んでいただきたいと思います。

◉地域資源と人財のチカラ――先進事例から学ぶこと

前段で地域の「熱」やICT利活用への「動機」がどのように生み出されるのかについて触れましたが、住民を筆頭にさまざまな地域のプレーヤーが活躍する熱い地域には、ほぼ例外なく、地域づくりに対する意欲と応用力が備わっています。

最近、筆者が講演等をする際には、地域にある資源とは何かを尋ねるようにしています。面白いのは、域内の住民が考える地域の魅力や資産と、外の目から見た魅力や資産が、大きく異なっていることです。何が地域資源かについて地元では客観的に認識されておらず、せっかくの地域資源が宝の持ち腐れに終わっているケースが少なくありません。

嘘だと思う場合は、訪問者や地域をよく知る識者や外国人観光客などにアンケート調査やヒアリングを行ってみるとよいでしょう。外国人がよく参考にする旅人サイトを覗いてみるのも手でしょう。どちらにせよ、この理解が前提として誤っていると、取り組むべき方向性についても迷走する、または効果があまりないといった結果に終わる可能性も否定できません。

「彼を知り己を知れば百戦殆うからず」の教えのとおり、観光にせよ企業立地にせよ交流人口の拡大にせよ、地域の魅力と課題、すなわち「己と敵」を知ることは、地方創生や地域課題解決の大前提として押さえるべき基礎と言えます。

これは、地域課題解決に取り組む人材についても同様です。よく、地方創生には「よそ者、若者、馬鹿者」が必要と言われますが、これは単に爆発的な行動力のある確信犯的な人材が必要という意味にとどまらず、外からの目、地域を客観視できる力を持っている人材という意味合いだと筆者は考えています。

こうした人材の「予備軍」は必ずどこかにいますし、どの自治体にも問題意識と視野を持ち行動できる人材は必ずいます。外部からよそ者を招くのも大事ですが、こうした思い入れのある人材を活かすことができるかどうかが、首長や住民の腕の見せ所でしょう。

著名な事例ですが、徳島県には高齢者が年収1000万円を稼ぎ出す「葉っぱビジネス」を中心に地域づくりを進める上勝町と、神山サテライトオフィスを皮切りに多彩な地域づくりをめざす神山町という、どちらもICTを活用した地方創生のお手本となる地域があります。こうした動きを主体的に進めているのは、大変失礼ながら、どちらも行政の人間ではなく地域の「馬鹿者」（突破者）のタイプです。ここまでの突破者はどこにでもいるかといえばそうでもありませんが、上勝町の横石知二氏も神山町の大南信也氏も、一朝一夕で現在地にたどり着いたわけではなく、非常に長い試行錯誤を経て地域を暖め、内外の人的なつながりを深めて今の姿にたどり着いたことは、是非念頭に置く必要があるでしょう。

このように、地域の「人財」と住民、自治体を含めた地域共創の歴史、これらがもたらす化学反応と地域の熱量は、実は地域づくりに欠かせない存在であり、また将来的な地方創生にとって一つの大前提となるものです（この点については、本章末の大南氏へのインタビューをご参照ください）。

理念ではなく方法を知りたいという声に応えるために、一つのフローチャートを作ってみました。

◉「うまくいく5G」のためのフローチャート

以上のようなことを前提にして、どのように5Gに向き合っていけばよいのでしょうか。

5Gに関心があるか、5Gをよく知っているかをスタートとして、地方創生に至るまでの道筋を示したものですが、ポイントは大きく二つあります。

一つは、自治体や地域において5Gについての知識が不足している場合に、どのように知見を得るのか、という点です。本書がその一端を担うことを期待する一方で、講演会やセミナー等を開催し住民や地域を含めて生の説明を受けたいこともあるでしょう。

このような場合には、総務省の担当者、産学の有識者、携帯事業者、ボランティアの技術者集団（Code for Japanなど）等に依頼することが近道になります。残念ながら、現状では講演対応ができる方も限られていますが、ディスカッションや頭の体操（ブレーンストーミング）なくして大きな広がりを作り出すことは難しい場合も多いため、「食わず嫌い」や「知っているつもり」にならないよう、タイムリーかつ丁寧な対応が欠かせません。なお、講演会等の主催者が自治体や第3セクターの場合には、総務省の地域情報化アドバイザー派遣制度を活用し、5Gの講演やアドバイスを受けることも可能です（https://www.soumu.go.jp/menu_seisaku/ictseisaku/ictriyou/manager.html およびAPPLIC https://www.applic.or.jp/ictadviser/）。

二つ目は5Gを理解した後のプロセスで、地域において解決すべき課題、とりわけ5Gを利活用して解決したい課題をいかに特定し、そのために住民や企業など地域のプレーヤーと共創する地域の担い手をどう探していくか、という点です。

この段階は最も重要なプロセスになりますが、ここは大胆に言えば、「周囲のあらゆる産業や地域におけるモノ・コトのあり方を疑うこと」、つまりもっと効率化・最適化できるところはないか、もっとやり方を変えれば付加価値を上げることができることはないか、といった疑問を抱くことが、すべての出発点になると考えます。

その上で、これまでの総務省の総合実証試験や携帯事業者等によるほかの地域での5G利活用の取り組みから着想を得ることはもちろん、地域のプレーヤーや住民からアイデア

図表6-1　5G導入のための行動フローチャート

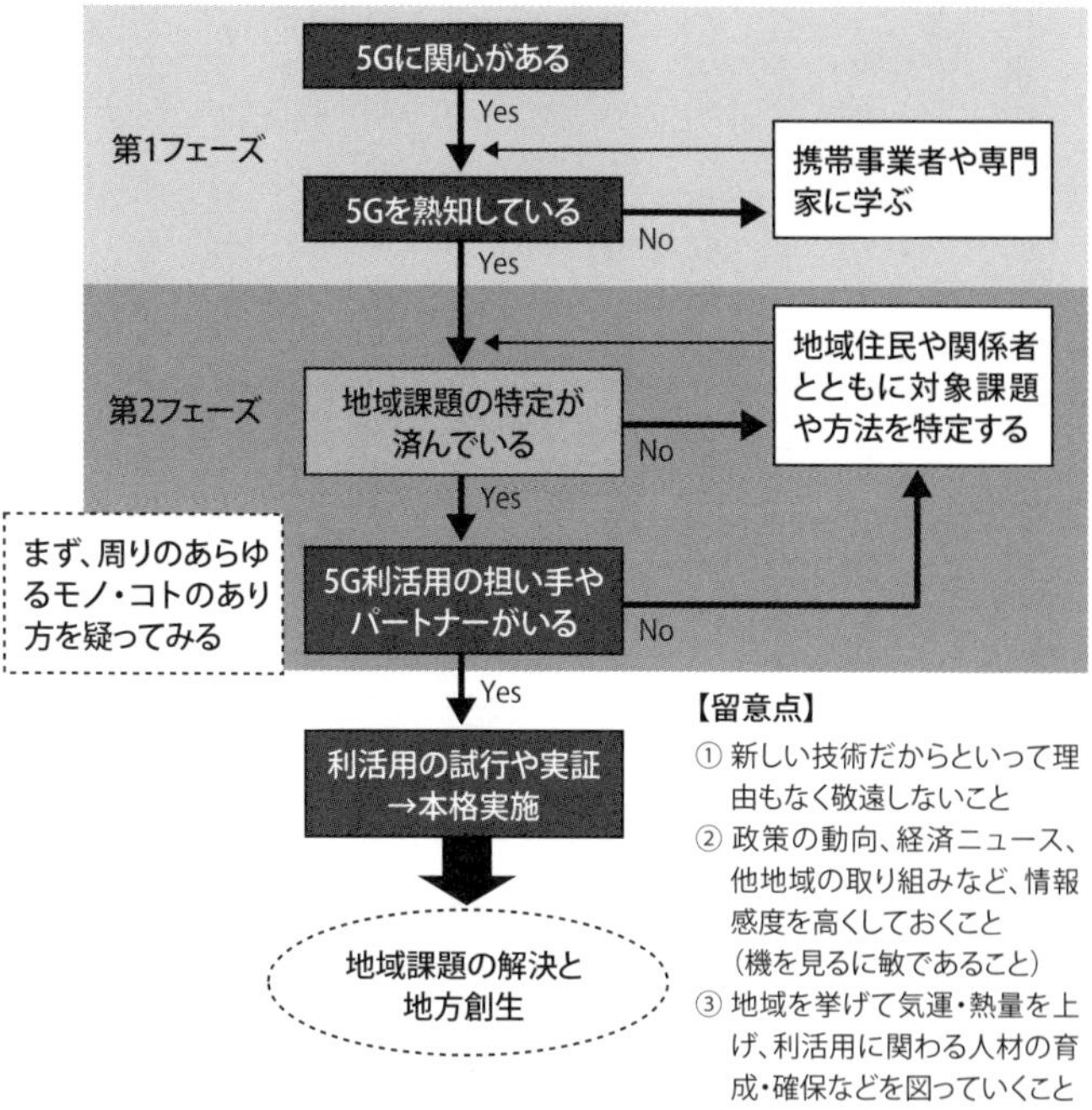
第1フェーズ
5Gに関心がある
Yes
5Gを熟知している
No
携帯事業者や専門家に学ぶ
Yes
第2フェーズ
地域課題の特定が済んでいる
No
地域住民や関係者とともに対象課題や方法を特定する
Yes
まず、周りのあらゆるモノ・コトのあり方を疑ってみる
5G利活用の担い手やパートナーがいる
No
Yes
利活用の試行や実証→本格実施
地域課題の解決と地方創生
【留意点】
① 新しい技術だからといって理由もなく敬遠しないこと
② 政策の動向、経済ニュース、他地域の取り組みなど、情報感度を高くしておくこと（機を見るに敏であること）
③ 地域を挙げて気運・熱量を上げ、利活用に関わる人材の育成・確保などを図っていくこと

を募るコンテストを開催することなども一手でしょう。自治体によっては、複数の携帯事業者と協業し、それぞれに5G利活用の提案を競わせて採用するといったスマートな対応を採っているところもありますので、ここは地域、特に自治体の手腕の見せ所となります。

　このフローチャートにある各プロセス全体において大事なことは、①新しい技術だからといって理由もなく敬遠したり、斜めに見たりしないこと、②政策の動向、経済ニュース、携帯事業者など外部への窓を開いておき、ほかの地域がどのように積極的に5G利活用に取り組んでいるのか等々、アンテナの感度を常に高く上げておくこと、③自治体3・0の箇所で述べたように、地域の熱量を上げ、地域を正しく理解し、人財を大事に育成・確保するという、上述したようなさまざまな積み上げを図っていくこと、に尽きると思います。

5Gの利活用・導入可能性は意外と身近にも存在します。たとえば、ボーリング場。最近は大人の社交場としてスマートに飲食ができる場所にもなっていますが、進んだ店では、遠くの家族や親戚同士がお互いプレイしながらボーリングを楽しめる、遠隔双方向ビデオ中継ボーリングのシステムを備えたチェーン店もあります。結婚式場やライブハウスにも、同様の魅力・集客アップのためのヒントがあるはずです。また、カラオケボックスや公衆浴場などでも、顧客が頭打ちになる中で、シェアオフィスやスタジオ、エンターテインメント・スポット、飲食業や集会場としての役割を併せ持つ動きがみられます。これらはほんの身近な一例ですが、日々溢れる情報にも高い感度のアンテナを上げていくこと、何事も他人事ではないという意識を持つことで、見える世界が大きく違ってくることには留意しておく必要があるでしょう。

5G展開の道筋は、大まかにこのチャートに沿って見えてきますが、**いずれにしても10年後の2030年頃にはすべて5Gという時代が来る**のですから、各地域が、時に実りなくともさまざまなハードルをクリアして、産学官金や住民との連携を築きつつ、全国系・ローカルを問わず、その地域ならではの創意工夫を凝らして5Gの利活用に果敢に取り組んでいかれることを期待してやみません。

2 先端技術をめぐるグローバル競争

◉まだまだ低い産業界の認知度

5Gという言葉は知っているが、詳しい中身やどのように活用していけばいいのかがわからない、という方が多いのは、産業界・経済界でも同じかもしれません。

日本経済団体連合会が2019年11月に「経済成長・財政・社会保障の一体改革による安心の確保に向けて~経済構造改革に関する提言~」を公表し、DX（デジタル・トランスフォーメーション）やSociety 5・0の重要性と5G整備支援を求めているなど一定の進捗はあります。ただ、個別企業ベースに落とし込んだ場合、どのような垂直分野の産業群が、情報通信・電子機器分野の企業と連携し新たなビジネス機会を創出していくかについては、まだ必ずしも明確なビジョンが描かれているわけではありません（一部の大手企業は、ＤＸ専担の組織や子会社を設立）。

当面は、ＤＸ推進の旗振り役かつ当事者である携帯事業者などが5Ｇ基盤の整備と利活用推進に向け積極的に取り組みを行っていますが、5Ｇは社会の横軸として、遠隔医療・教育、介護・見守り、スマート農林水産業、テレワーク・サテライトオフィス、観光、自動運転、防災・減災対策などあらゆる「垂直の」産業分野に関わるツールであるため、今後は製造業、一次産業、サービス産業などさまざまな関連分野の企業がその波及メリットを理解・享受し、生産性向上を図っていくためにどのように5Ｇと向き合っていくのかが、2030年頃を一つの目安として今後の大きな宿題となっています。

◉「国内市場頼み」の現実とリスク

我が国が抱える社会課題、とりわけ人口減少社会において国内市場がシュリンクすることが予想されることから国際市場への展開が望まれるというのは、古くて新しい課題です。現在も日本企業の国際展開を促進するために、各分野を所管する省庁でさまざまな取り組みが行われており、情報通信分野においても、IoTや5G、衛星通信など電波システムを含むICT分野のさまざまな国際展開支援施策が実施されています。

一方で、国際展開の重要性は認識しつつも、引き続き国内需要に依存した企業体質も根強く残っており、こうした企業や産業においては、ゼロサムどころかマイナスサムになりかねないドメスティック市場依存を脱し、国内・国際市場双方に軸足を置いた企業戦略の練り直しが急務となります。

一つ気になるのは、先端技術分野、いわゆるエマージング・テクノロジー分野で、日本企業が世界市場で後れを取っていないかという点です。

図表6-2の右円は、2018年の携帯通信機器（移動通信インフラ機器）の世界市場シェアをグラフ化したものですが（米国IHS Markit調べ）、欧州や中国の企業トップ4社が8割を占めている一方、日本企業のシェアは1~2%程度に過ぎません。5Gで使用する通信機器が4Gの機器の延長線上にある中で、この状況をどう修正していくのか、政府も必要な支援を行うとともに企業の真摯な取り組みが求められます。

スマートフォンなど携帯端末についても、我が国企業のシェアは低く、国内勢ではソニーモバイルコミュニケーションズ、シャープ、富士通などが端末市場に参入しているもの

図表6-2　移動通信インフラ機器市場の状況（売上高ベース）

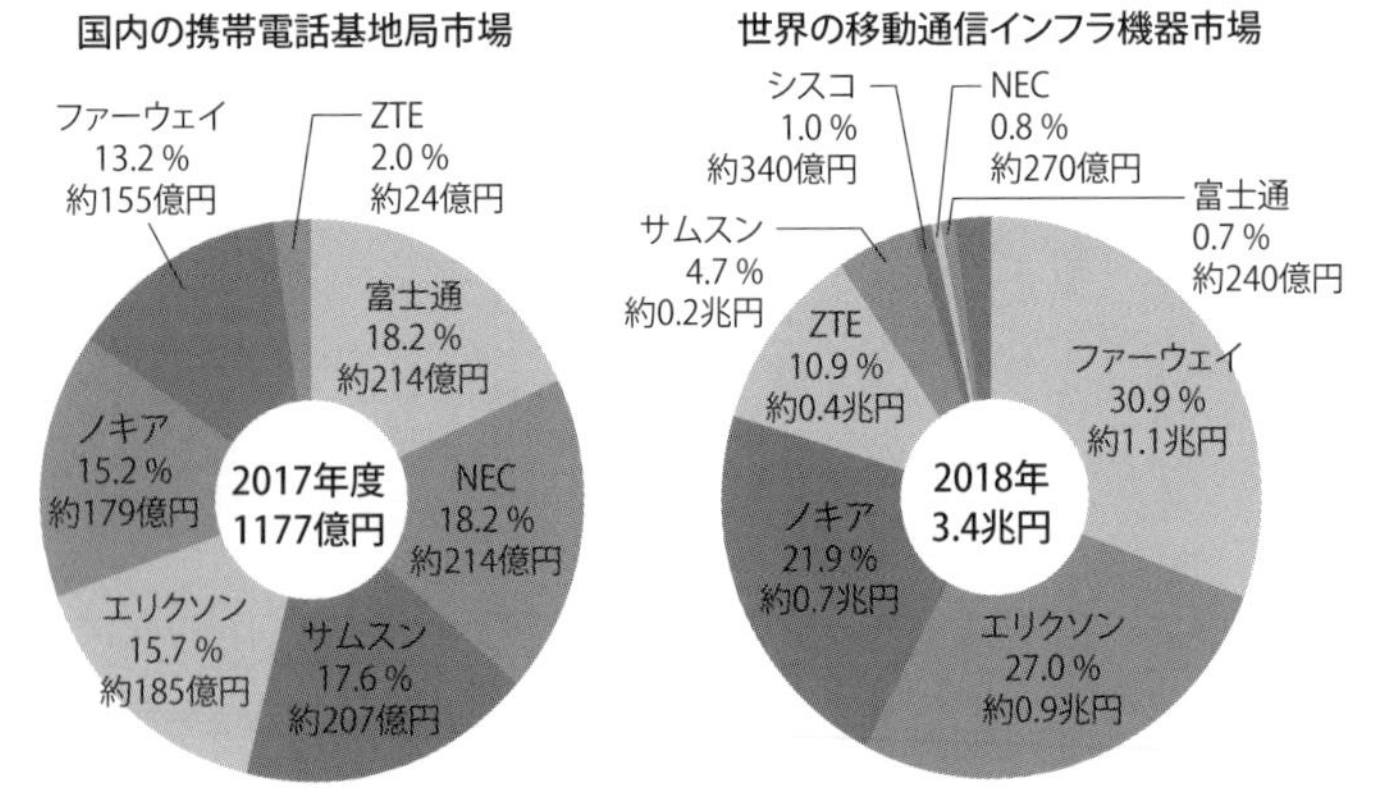

（出所）MCA Inc. 携帯電話基地局市場及び周辺部材市場の現状と将来予測 2018年版（2018年8月）

（出所）IHS Markit

の、サムスンやアップル、中国企業には遠く及びません。米国ガートナー社によれば、2023年には全スマートフォンに占める5G対応スマートフォンの割合は51%になると予測されていますが、果たして日本勢の巻き返しはなるのでしょうか。

似たようなことは、同じく成長分野であるドローンやスマートスピーカー、キャッシュレス決済サービス（○○ペイ）などについても言えます。一般に日本企業は、大企業ほど大型の案件受注に積極的な一方、ボリュームゾーンである基地局設備、エッジ・コンピューティング設備、携帯端末などの商品化や世界的な製品販売やサービス開発の面では、どうしても後手を踏んでいる現状があります。これが国内市場での受注を収益の柱に考えている前提だと、人口減少社会の日本では、将来的に成長分野のICT関連市場で後れを取ってしまう悲観的な予想が先に立ってしまいます。かつて白物家電で世界を席巻した日本のベンダーですが、現在でも光伝送や無線通信技術、センサーデバイス等の領域ではトップクラスの技術力と製造力と市場シェアを有しているだけに、5G時代、Society5・0の時代に「MOTTAINAI」ことにならないことを期待してやみません。

もちろん、自動車業界などICTを軸に「車」という概念を根底から見直して、空飛ぶタクシーへの参画をめざすなど、世界戦略を考えている業界も存在します。これはベンチャー／スタートアップ企業との役割分担でもあるのですが、ICT分野でもボリュームゾーン戦略やコモディティ化が進む機器製造への積極的な対応は、我が国の国際的な技術優位性の保持や競争力維持のためにも、切実な課題として残っています。

この課題のポイントとなるのが、R&D（研究開発投資）とソフトウェア技術者の育成・確保に対する取り組み姿勢です。携帯基地局や携帯端末などの分野で「安かろう、良かろう」の評判を取り飛躍的な成長を遂げている中国のファーウェイの場合、年間の研究開発費は2018年で147億ドル（約1兆6000億円）にも達します。韓国サムスン電子も214億米ドル（約2兆3000億円）のR&Dを実施しており、日本のトップクラスであるNECやドコモのR&D予算が年間約1000億円程度であるのに対し、金額比で20倍前後の研究開発を行っていることになります。

なお、世界で最も多額のR&Dを行っているICT企業はアマゾンで、年間288億ドル（約3兆2000億円）、アップル社は同142億ドル（約1兆5000億円）となっています（以上、米国ガートナー調べ）。

我が国の5G関連R&Dも今後当然増加していくでしょうが、現状では残念ながら関係特許の多くを欧米や中国、韓国などの企業が保有しており、この点でもいかに先行的な研究開発が重要かおわかり頂けると思います。ユーザにとっては、安全で高性能の機器であれば国籍にこだわらない、という考えもありなのかもしれませんが、今後の研究開発投資への取り組みは、企業だけでなく国・研究機関・金融機関、すなわち我が国の産学官金すべてに関わる重い宿題と言えそうです。

研究開発への取り組みと並んで重要な点は、ソフトウェア人材の育成・確保です。DX、Society5・0の時代には、AIやSI（System Integration、システム構築）、情報セキュリティなどの面で、ソフトウェアの重要性が以前とは比較になりません。5Gを含む無線ネットワークについても、従来と比べネットワークの仮想化が年々進み、ハードウェアよりソフトウェアの重要性が高まっています。この点、日本企業の5G関連機器の世界シェアが低いのも、コアネットワーク設備や基地局の構築に不可欠なソフトウェア技術や技術的人材が質・量ともに不足していることが一因となっています。

我が国のソフトウェア人材については、2019年頃をピークに2030年頃にかけてICT技術者が大幅に不足する「2030年問題」が囁かれています。ICT人材の有効求人倍率は常時2～3倍という水準で推移していますが、この「人材不足」という言葉には、技術者の数的な面だけでなく、人材の分布や賃金水準、雇用形態等の多面的な視点からの見方が必要となります。

ガートナー社によれば、ソフトウェア人材を含むICT人材確保上の大きな問題は、人材に偏在があることです。まず、ICT企業の技術者とユーザ企業にいるICT技術者の数を比べると、圧倒的に前者の割合が多くなっています（企業間の偏在）。また、ICT企業の技術者を年齢層で分けてみると、2006年には20代・30代が中心だったのに対し、2016年には40代・50代の比率が上がっていることがわかります（世代間の偏在）。さらに、約60％ものＩＣＴ人材が千葉・神奈川を含む東京都市圏に在住しています（地域間の偏在）。

このＩＣＴ技術者・人材の偏在問題がもたらす複雑な帰結は、大きく次の三つに要約されます。

①レガシー技術に長けた中堅以上の「保守的な」人材の割合が多く、本来必要な５ＧやＡＩｏＴなど先進的なＤＸ分野の技術を担う人材が少ない。

②地方創生を課題とする地方や国際展開を行う海外の現場で、先端的人材が少ない。

③大規模なＩＣＴ企業が中小ＩＣＴ企業に下請け業務を発注する構造ができ上がっており、特に下請けの企業の利幅が少ないため、こうした企業で働く受託先の賃金が国際的に見て安い。あるいは労働環境がきついため、労働環境のブラックイメージにより若年層から敬遠されやすく、離職等が多い。

こうしたことから、日本企業でＩＣＴ人材は特に先端分野の若年層人材が不足し、全体として先端分野への対応が遅れがちになってしまうという構図が透けて見えます。また、給与水準が相対的に低いことから、外国の企業等に良質な人材がオフショア化して流出してしまい、人材の空洞化が生じています。

図表6-3　ICT、ソフトウェア人材の偏在

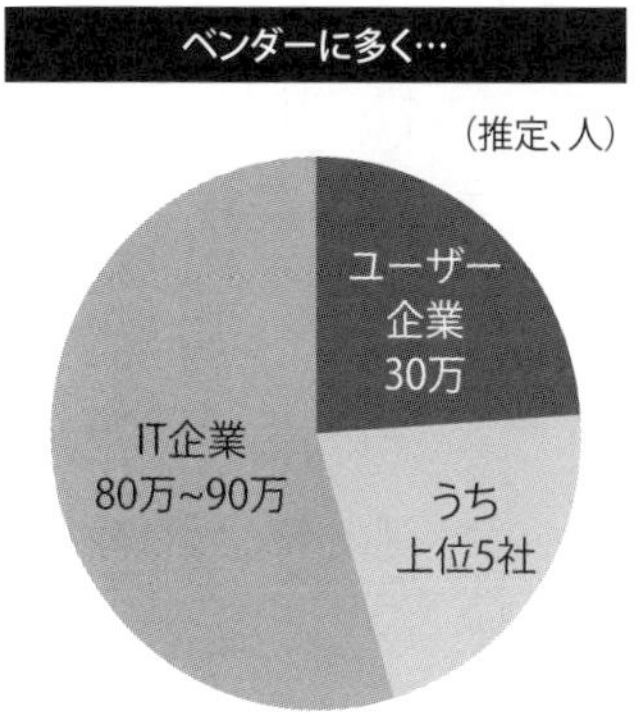

（出所）ガートナー作成（原資料：IPA『IT人材白書』、各社決算資料、ガートナーの調査）

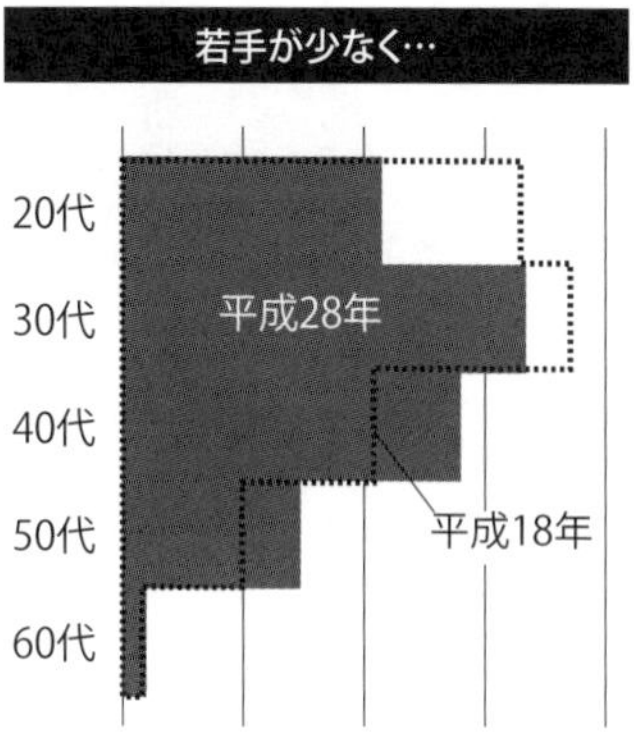

（注）対象はIT企業のみ
（出所）ガートナー作成（原資料：厚生労働省『賃金構造基本統計調査』［平成18年、平成28年］）

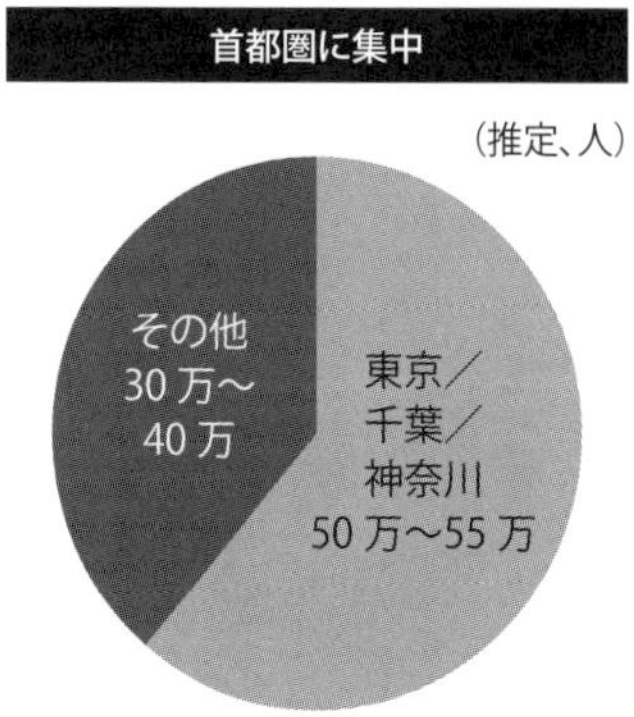

（注）対象はIT企業のみ
（出所）ガートナー作成（原資料：経済産業省『平成25年特定サービス産業実態調査』）

下請け構造について、米国では、大手からの下請けだけでなく、インデペンデント・コントラクターという独立したスタートアップやフリーランスのノマドワーカーもユーザ企業と直接契約するビジネス形態が普及していますので、構造を変えるにはこうした下流のICT技術が報われる形態の導入が急がれます。

また、特に大手ベンダー等では、リスクを取ってR&Dやシステム開発、ボリュームゾーンを含めた国際標準化への貢献や海外進出に積極的に取り組む気運を醸成することが何より重要です。機動的に動ける中小企業やスタートアップ、大学や高専等の研究機関における企業の役割も、今後より一層重要になるでしょう。そうでなければ、ソフトウェアの占める役割がますます高まる5Gの世界においても、莫大な投資を行い、ボリュームゾーンで高付加価値な商品開発を熱心に行っている海外企業には対抗できず、人口減少に伴う国内市場の縮小とともに、関連企業群も衰退していくことが危惧されます。

また、地域においても5Gの具体的な利活用に関するきめ細かなシステム設計や実装を行うSIer（システムインテグレータ）の役割と存在が重要ですが、ソフトウェア人材の不足により5Gの利活用の進展に支障が出ることが懸念されるところです。

来る2020年代から2030年にかけては、5Gの展開状況、そして総力戦を通じた我が国や地域での利活用と成果の享受度合いが、日本の産業に対する見方を大きく左右すると考えられます。つまり、「5Gのプレゼンス＝日本のプレゼンス」と言っても過言ではありません。国の人材育成方針やアカデミアにおける教育や産学協力などももちろん重要ですが、携帯事業者、機器・ソフトウェアベンダー、SIerなど、サプライサイドにおける取り組みの積極性が、大きな鍵を握っています。

◉情報化投資の課題

このような状況の中、ICTのユーザ企業にとって情報化投資の存在がどう映っているのか、という点でも我が国は課題を抱えています。一般に企業は、費用・コストのボトムラインを下げる情報化投資には積極的な姿勢がうかがえます。いわゆる省力化投資と呼ばれる作業効率化、人材マッチングなど人手不足時代に対応する意味でも十分に合理性があるものです。他方、各種調査等からは、将来的な収益のトップラインを上げるための「攻めの情報化投資」については、あまり乗り気でないユーザ企業が多い風潮がうかがえます。

この点、データマーケティング・ツールの導入などは中間的な意味合いを持つものと捉えられますが、これを突き詰めていくと、第5章で述べた製造業におけるファクトリーオートメーションを含むスマートファクトリー化への取り組みなどは、その大きな試金石となることでしょう。

ＩｏＴやＡＩを含めたＩＣＴ機器の価格は今後大きく低廉化することが予想され、また、機器やソフトウェアを逐次購入するのではなく、その使用をサービスとしてクラウド化した上で、サブスクライブする形態（いわゆるサブスク、定額制利用）での利用が進展してくることが見込まれています。ＳａａＳ（Software as a Service）、ＡａａＳ（Application as a Service）、ＰａａＳ（Platform as a Service）といったａａＳ化（サービスとしてのソフトウェア、アプリケーション、プラットフォーム等を購入せず、利用メニューに応じて月額料金等を支払うサービス提供化）がこれに当たります。このａａＳ化は初期投資を抑える効果が顕著であり、アップデートやメンテナンスもサービス提供者が行うため、５Ｇの利活用を含めた情報化投資を先行させやすい環境が整ってくる今後こそ、攻めの情報化投資を行うチャンスになると、筆者は考えています。

◉５Ｇとともに成長する社会

全国的な5Gの展開が進行中の現在、地方創生や産業再生の万能薬となる利活用（キラーサービス、キラーアプリ）を早く知りたいとの声がある一方で、米国のCES（電子機器見本市）や東京モーターショーなどでは、これまでICTとあまり関係のなかった異業種・垂直セクターからの5G利活用のアイデアや展示が多数示されており、意表をつくような将来サービスのヒントも随所に見られます。

最初に立ち上がるのは、4Gまでの超高速サービスの延長線上にある映像サービスやライブビューイング、VR／AR、またプレーヤーと市場がある程度熟していて技術的な予見性も高いオンラインゲームなどの分野となる可能性が高いと思われます。テレワークや遠隔医療、遠隔教育も喫緊のニーズです。その後は、現在胎動しているスマートモビリティ、医療・介護、防犯・見守り、防災・減災、スマート農林水産業などさまざまな利活用事例が次々と実装に向かっていくと予想されますが、たとえばスマートファクトリーなどは大企業から導入されていく一方で、中小企業まで含めて設備の更改期や機器の低廉化などを意識すると、「業界として当たり前」になるには、多少時間がかかるのかもしれません。

この際重要なのは、導入コンセプトと技術的シーズのマッチング、とりわけ地域特性に応じた用途ごとのカスタマイズやチューニングにある程度時間がかかる、もしくはしっかり時間をかけるべきということです。

もう一点大事なことは、5Gの導入や個別のサービス展開を担う組織は、企業においても自治体等においても、ある程度の「お試し」や失敗も許容する文化を持つ、しなやかな組織群が必要だということです。5Gを利活用するためのシステムは、ほかのICTと同様に、テレビ受像機のように買ってきて据え付ければ終わりというものではなく、利用動向や効果等について不断に検証し、さまざまなフィードバックと微調整を行っていくことで真価を発揮するものだからです。このプロセスをおろそかにしてしまうと、持続的に効果を発揮する利活用を行うことは難しくなってしまいかねません。最初からあまり難しく考える必要はありませんが、5Gに使われるのではなく、「5Gを使い倒す」つもりで、地域や社会とともに成長し発展させていくことが大切だと思います。

3 5Gに死角はないか

◉情報セキュリティは生命線

情報セキュリティ対策は、広義では事故等の予防やセキュリティ対策を含む概念ですが、近年とみに注目を集め、また重要視されているのが、サイバーセキュリティ対策です。

というのも、携帯電話（移動通信システム）は、広く経済社会活動を支える重要な通信ネットワークですが、不正なサイバー攻撃等を受けてシステムに不具合が生じた場合、携帯事業者や利用者に非常に大きなダメージをもたらす可能性があるためです。一説には、すでに現在「サイバー攻撃を受けているかいないかではなく、サイバー攻撃を受けたことに気づいているかどうかだ」とも言われていることからも、その対策の緊急性と当事者意識の重要性がうかがえます。

5Gなどの新しい基幹的な通信ネットワークを展開していく中で重要なポイントとなるのが、不正アクセス等のほか、「キルスイッチ」と「バックドア」という仕掛けの存在です。前者は第三者が意図的にネットワークや接続された設備の機能を停止させること、後者は「裏口」、つまり意図的に設けたセキュリティ・ホールを通じてネットワーク内を流れる情報を窃取することを指します。

この問題の本質は、第三者がソフトウェア上に仕掛けを施しておき、タイミングを見計らって発動させるものですが、こうした仕掛けは最初から組み込まれていることもあれば、システム導入後のソフトウェア・アップデート等によって埋め込むこともできるという厄介な代物です。このことから、サプライチェーンリスク対応を含む十分なサイバーセキュリティ対策を講じることが重要になります。

サイバー攻撃は、日々新たにさまざまな形態や手口を使ってエスカレートしていきますので、サイバーセキュリティ対策を根本から怠ってしまうと、通信ネットワークと社会機能の麻痺や重要なデータの流出といった、極めて深刻な事態を招きかねません。

こうした状況に対応して、全国系の5Gについては、第2章第4節でふれたとおり、電波の割当ての際、通信事故や災害への対策を適切に講じる体制等を整備しているかを審査し、また適切に実施するよう各者に条件を付していますが、サイバーセキュリティへの適切な対応についても、電波割当ての要件とし、また開設計画認定の要件として、サプライチェーンリスク対応を含めた安全・信頼性の確保について念押しをしたところです。

ローカル5Gについても、サイバーセキュリティの確保は重要と考えられていることから、ローカル5G導入に関するガイドラインにおいて、ローカル5Gを安心して利用できるために、免許申請に際し「サプライチェーンリスク対応を含む十分なサイバーセキュリティ対策を講じること」という要件を定めています。

いずれにしても、一般にサイバーセキュリティに対する意識が大きく高まってきていることは、今後の重要な通信ネットワークを利用者が安心して利用できるような対策を講じる絶好のチャンスと言えるでしょう。

5Gのネットワーク整備者だけでなく、これを利活用し多様なサービスを提供する際にも、使用する機器類やソフトウェアについて、後々問題が生じないよう、サイバーセキュリティを含む十分な情報セキュリティ対策に最善を尽くすことが不可欠です。

◉5Gの人体安全性

5G等で使用される電波が人体に及ぼす影響については、世界各国で60年以上にわたって研究がなされており、これまでのところ、非常に強い電波にさらされた時に熱作用（体を温める作用）があることが知られています。他方、電波による発がんなどの作用の可能性については、科学的に十分に確認されていません。

我が国では、WHO（世界保健機関）等と協力する非政府組織として公式に認められているICNIRP（国際非電離放射線防護委員会）のガイドラインに準拠した「電波防護指針」を定めており、電波鉄塔や携帯電話端末などの無線局から発射される電波が熱作用によって人体に悪い影響を及ぼすことのないよう、十分な安全性のマージンを見込んで法令で規制値を定めています。

また、２０１７年から２０１８年にかけ、総務省の情報通信審議会において、５Ｇで使用される６GHz以上の高い周波数等を想定した電波の安全性が検討され、電波防護指針や無線機器の適合性評価方法が改定されるとともに、２０１９年5月に関係する総務省令等が施行されました。

このように、５Ｇ等の人体安全性については内外で慎重に検討・確認が行われ、明確な基準値を定めて、問題のない電波の利用が保証されています。したがって、通常の日常生活において、５Ｇを含む電波を使用することで人体に悪影響が生じることはありません。

◉デザインするのは、２０３０年代の日本社会

第1章で、携帯電話、移動通信の世界は10年ごとに新しい世代（Generation）に進化してきたことに触れましたが、２０２０年にスタートする5Gも、今はハイスペックで新しい技術を用いたネットワークでも、10年後には成熟しすっかり「枯れた技術」になり、５Ｇを使っているかどうかなど誰も気にしない時代になっていることでしょう。

10年というのは、長いようで意外と短いものです。世代も変わり、町の姿も形を変えて

いくことでしょう。大都市ですら過疎化や超高齢化が進むかもしれない未曾有の時代において、主役となるのは新しい次の世代の人間かもしれません。

２０２０年を生きる世代としては、新しい技術だからと敬遠するのではなく、まず触れて試してみること、刻々と変化する時代に寄り添って次の世代の芽を摘まないことが、最低限の仕事になるでしょう。もちろん、先導的に5Gサービス導入への取り組みを進めることも、携帯事業者やさまざまなパートナーと連携しつつ地域や産業の熱量を高め、ここぞという最適なタイミングで5Gを利活用する気運を醸成しておくことも、地域の将来のために欠かせません。

取り組むべき地域課題への目標設定があってこそではありますが、こうした日々の努力や取り組みへの熱意が未来を担う人間に受け継がれていくことも、成功する5Gのために必要なことだと考えます。

5Gの普及展開に大きな役割を果たすであろうICT企業の人材については、興味深いデータがあります。ガートナー社が日本のICT人材に対して行ったアンケート調査で、デジタルプロジェクトに関わりたいか尋ねたところ、「関わりたい」と答えた人は53%と半数程度ですが、かつて一度でもデジタルプロジェクトに関わった経験がある人材については、86％が「デジタルプロジェクトに関わりたい」と答えていることです。この結果は非常に示唆的で、ＩＣＴ業界の人材でも実際に関わってみるまでは遠慮がち、逆に言えば一度プロジェクトに参画した者はその面白さを実感しているということを意味していると言えるでしょう。ＩＣＴ企業に限らず、地域や自治体等では多くの方の意識に５Ｇを含むＩＣＴの利活用に対する心理的ハードルが存在しているのかもしれませんが、「まず触れて試してみる」ことの重要性は、こんなところからも窺えます。

ましてや、自分たちが新しいキャンバスの上でデザインしようとしているのは、２０３０年代の地域と日本社会です。これでワクワクしないはずがないと考えるのは、筆者だけではないと思いますが、読者の皆さんはいかがでしょうか。

4 ６Ｇの足音と今後の10年間

◉Beyond 5G／6Gの胎動

５Ｇという画期的な「携帯」である移動通信ネットワークが、ローカル５Ｇを含めて全国津々浦々まで展開され、すべてのモノ・コトがデジタル化され社会が最適化されるＤＸ

やSociety5・0への流れと軌を一にして、5Gの特性を活用したさまざまな課題解決が行われていくことが、2020年代後半から2030年頃を見据えた総力戦のゴールです。

ただし、このゴールには続きがあります。

5Gが現在進行形で展開している中で、少々気が早い話と思われるかもしれませんが、世界では5Gの次の世代の移動通信、いわゆるBeyond 5Gや6Gと言われる次の世代の携帯に関する議論も始まっています。

現状の5G規格に不満や不足があるというわけではありませんが、各世代が10年ごとに進化する移動通信の世界にあって、5Gに続く2030年代の新しい通信方式の検討を進めておくことは、我が国の技術力の世界へのアピールや関連特許の取得などの競争力強化にも、戦略的に重要な意味を持つこととなります。

現在、Beyond 5Gに向けて活発な動きを見せているのは、ITU（国際電気通信連合）のほか、米中韓、フィンランドなどです。いずれも国の肝煎りで関係者からなるBeyond 5G技術検討を行う組織を立ち上げ、検討を進めています。

ITUでは、2018年7月、2030年以降に実現されるネットワークの技術研究を行うフォーカスグループ「FG NET-2030」が設立され、2019年5月にホワイトペーパーが取りまとめられるなどの動きが見られます。

諸外国では、フィンランドが、2018年4月、Oulu大学を拠点に、大手通信機器ベンダー・ノキアも参加して実施する6Genesis（6G-Enabled Wireless Smart Society & Ecosystem）という6G研究に焦点を当てた世界初のプログラムを重点研究に指定しました。また、中国では工業情報化部（MIIT）や科学技術部（MOST）が主導し産官学が協働する6G開発に向けた取り組みが進んでおり、韓国では、サムスンやLGがそれぞれ2019年にコア技術を含む6G開発のためのセンターを設置するなどの動きがあります。

我が国では、2019年10月にNTTがソニーや米インテルと共同で業界団体「IOWN Global Forum」の設立を発表し、IOWN（Innovative Optical and Wireless Network：スマートな世界を実現する未来のコミュニケーション基盤）の実現に向けた検討を開始しました。また、国のNICT（情報通信研究機構）においてもBeyond 5Gを見据えたワイヤレス、ネットワーク、デバイス等の研究開発を推進しています。

このような状況を踏まえ、総務省は2020年1月から総務大臣主宰の懇談会

図表6–4　海外のbeyond 5G/6Gに関する取り組みの状況（2019年12月調べ）

■2018年頃から6Gの実現に向け有望と考えられる通信技術について学術的な議論が各地で活発に行われているほか、ユースケースや要求条件に関する議論も少しずつ始まっている。
■現在のところ、国や企業の代表というよりも研究者としての活動が目立つ（商用開始で5Gは研究対象としての魅力を失いつつあり、研究者としての業務維持の点から6Gに関する研究が活発化しているとも考えられる）。
■6G Wireless Summitを主催するなど最も組織的に活動しているのは、フィンランドのOulu大学を中心とする6Genesisのグループ。

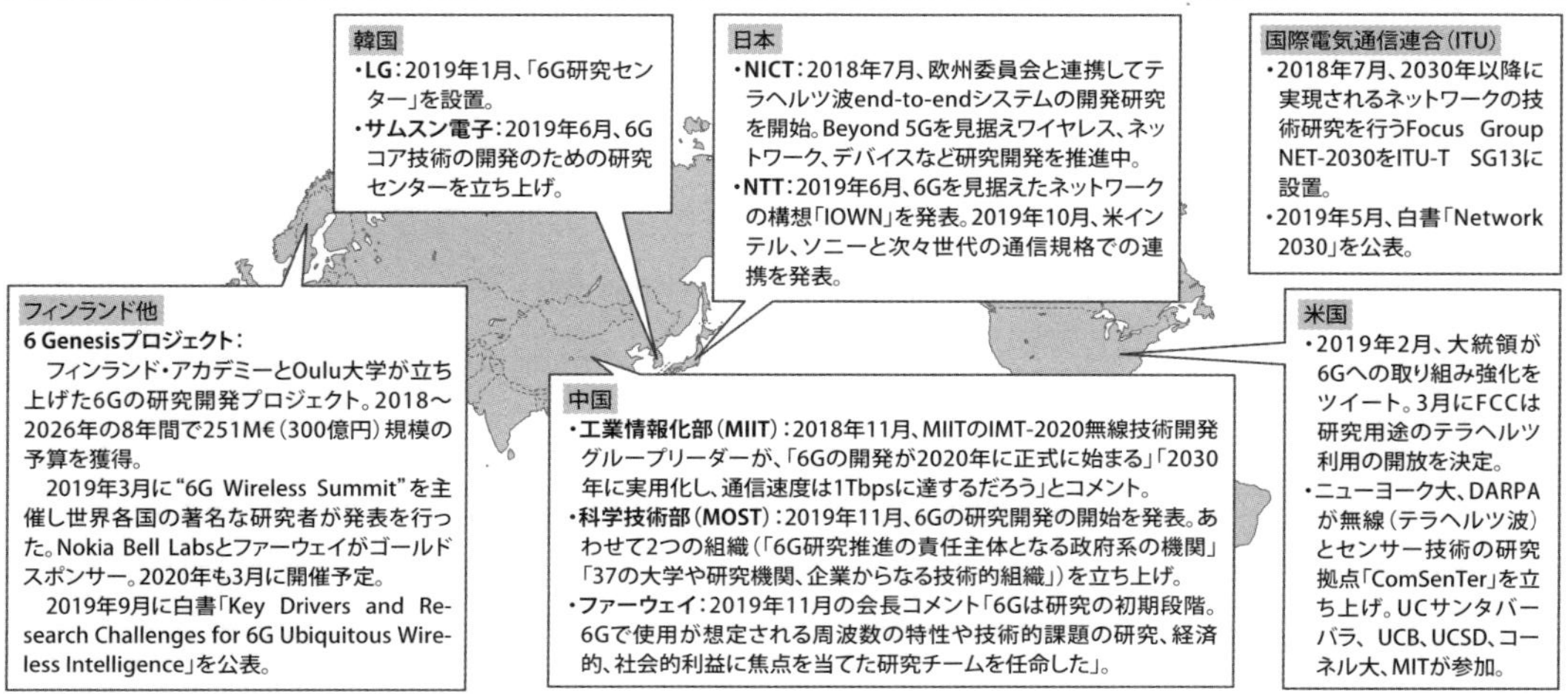

韓国
・**LG**：2019年1月、「6G研究センター」を設置。
・**サムスン電子**：2019年6月、6Gコア技術の開発のための研究センターを立ち上げ。
日本
・**NICT**：2018年7月、欧州委員会と連携してテラヘルツ波end-to-endシステムの開発研究を開始。Beyond 5Gを見据えワイヤレス、ネットワーク、デバイスなど研究開発を推進中。
・**NTT**：2019年6月、6Gを見据えたネットワークの構想「IOWN」を発表。2019年10月、米インテル、ソニーと次々世代の通信規格での連携を発表。
国際電気通信連合（ITU）
・2018年7月、2030年以降に実現されるネットワークの技術研究を行うFocus Group NET-2030をITU-T SG13に設置。
・2019年5月、白書「Network 2030」を公表。
フィンランド他
6 Genesisプロジェクト：
フィンランド・アカデミーとOulu大学が立ち上げた6Gの研究開発プロジェクト。2018～2026年の8年間で251M€（300億円）規模の予算を獲得。

2019年3月に“6G Wireless Summit”を主催し世界各国の著名な研究者が発表を行った。Nokia Bell Labsとファーウェイがゴールドスポンサー。2020年も3月に開催予定。

2019年9月に白書「Key Drivers and Research Challenges for 6G Ubiquitous Wireless Intelligence」を公表。

中国
・**工業情報化部（MIIT）**：2018年11月、MIITのIMT-2020無線技術開発グループリーダーが、「6Gの開発が2020年に正式に始まる」「2030年に実用化し、通信速度は1Tbpsに達するだろう」とコメント。
・**科学技術部（MOST）**：2019年11月、6Gの研究開発の開始を発表。あわせて2つの組織（「6G研究推進の責任主体となる政府系の機関」「37の大学や研究機関、企業からなる技術的組織」）を立ち上げ。
・**ファーウェイ**：2019年11月の会長コメント「6Gは研究の初期段階。6Gで使用が想定される周波数の特性や技術的課題の研究、経済的、社会的利益に焦点を当てた研究チームを任命した」。
米国
・2019年2月、大統領が6Gへの取り組み強化をツイート。3月にFCCは研究用途のテラヘルツ利用の開放を決定。
・ニューヨーク大、DARPAが無線（テラヘルツ波）とセンサー技術の研究拠点「ComSenTer」を立ち上げ。UCサンタバーバラ、UCB、UCSD、コーネル大、MITが参加。

（出所）総務省

「Ｂｅｙｏｎｄ ５Ｇ推進戦略懇談会」（座長：五神真東京大学総長）を開催しています。産官学により我が国がＢｅｙｏｎｄ ５Ｇにおいて主導権を掌握することを念頭に初回から活発な議論が行われており、２０３０年代の実現に向けた国家戦略が策定される予定です。

検討事項は、Ｂｅｙｏｎｄ ５Ｇ推進の基本原則、研究開発戦略、知的財産権・標準化戦略、導入促進戦略などです。これにより、我が国における２０３０年頃の次世代の携帯ネットワークを実現するための道筋が見えてくることが期待されます。Ｂｅｙｏｎｄ ５Ｇが５Ｇとどう異なるのか、どのような進化を遂げるのかについてはさまざまな意見や議論があり、まだはっきりと輪郭が見えているわけではありません。一方、５Ｇの性能（超高速、超低遅延、同時多数接続）をより突き詰めた上で、高信頼化や省エネルギー化など、さらに新たな性能を実現するための技術要素が加わることになるでしょう。また、周波数的にも、これまで利用していないテラヘルツ帯などの非常に高い周波数帯の導入も考えられるところです。

◉５Ｇが創り上げる６Ｇの姿

いささか予告めいたことを言えば、６ＧはＢｅｙｏｎｄ「５Ｇ」の名のとおり、５Ｇの実現と利活用の成果や課題を踏まえた一種の必然性のある機能を持ったネットワークになるだろうということです。未来に向けた先端的な技術要素は多々ありますが、6Gが経済社会の新しい基幹ネットワークとして、採用される技術が技術の先端性自体を自己目的化するのではなく、5Gでもかゆいところに手が届かない機能や、新しい産業活動や課題解決のドライバーとして具備すべき要件を備えることが重要になります。これは、4Gで「もっと遅延がなくなれば」「もっと多数のIoT機器がつながれば」さまざまな分野でのモノ・コトの最適化に向けた取り組みができるのに、との想いから超低遅延や同時多数接続が実用化されたのと同様のことです。今便利な機能はより便利にする、今はないが今後イノベーション創出に貢献できる機能は新たに追加する、こうしたマインドが2030年代に高度な社会の「ゲームチェンジ」を促す6Gの設計上欠かせません。

Beyond 5G／6Gについてはさまざまな実現イメージや構成要素が提案され、国際的な議論も一層白熱してくると予想されますが、我が国が現在持つ強み・弱みを知った上で、今後中長期的に必要とされ獲得していくべき技術や競争力を明確にし、研究開発や知財戦略、標準化等に着実に取り組んでいくことが、5Gを凌ぐ2030年代の新たなネットワーク実現に向けた鍵になります。このために、現段階からさまざまな関係者を巻き込んだ6Gやこれ以降の世代に関するオープンな検討や提案が必要なのです。

総務省の「Ｂｅｙｏｎｄ 5G推進戦略懇談会」では、2020年4月8日に第2回会合を開催し、Ｂｅｙｏｎｄ 5G推進戦略の骨子（案）を示しました。

Ｂｅｙｏｎｄ 5G推進戦略の骨子（案）

まず2020年代には、5Gの普及展開と共にＤＸやＣＰＳが進展し、移動通信インフラは人類の共通基盤として社会に不可欠かつ、持続可能な地球環境と国際社会の構築に大きく貢献するネットワークの素地を形成していきます。このような流れの中で、2030年代になると、5Gの三つの機能がより高度化され、また新たに四つの機能が加わって、次のような「ＩＳＴ」を実現する社会像が実現すると予想されます。

① Inclusive

・地上だけでなく海、空、宇宙等のあらゆる場所で、都市と地方、国境、更には年齢、（疾病・災害、）障がいの有無といったさまざまな壁・差異を完全に飲み込み、誰でも元気に活躍できる社会

② Sustainable

・社会的なロスがない、便利で持続的に成長する社会

③ Trustful

・不測の事態が発生しても、安心・安全が確保され、信頼の絆が揺るがない人間中心の社会

高度化を目指す5Gの三つの機能とは、①超高速、②超低遅延、③同時多数接続のことですが、2030年代に必要となる新たな機能として、④自律性、⑤拡張性、⑥超安全・信頼性、⑦超低消費電力の四つが追加されると想定されています。

⑥⑦については言葉どおりですが、④の自律性は、AIにより人手を介さず、利用者のニーズに応じて最適なネットワークを構築・提供することを、⑤の拡張性は、衛星やHAPS（衛星と地上の間にある高高度の通信プラットフォーム）と地上の通信がつながり、至るところにある機器がシームレスに連動しながら通信する利用可能性が実現することを、それぞれ指します。

このような七つの機能について、重点的にフォーカスしていくべき九つの分野（我が国が得意とする先端的な技術分野の例）が示されています（図表6-5）。これらを具現化するために、我が国の国際競争力の強化を目指し、「グローバル・ファースト」、「イノベーシ

図表6−5　Beyond 5G/6Gに求められる機能等

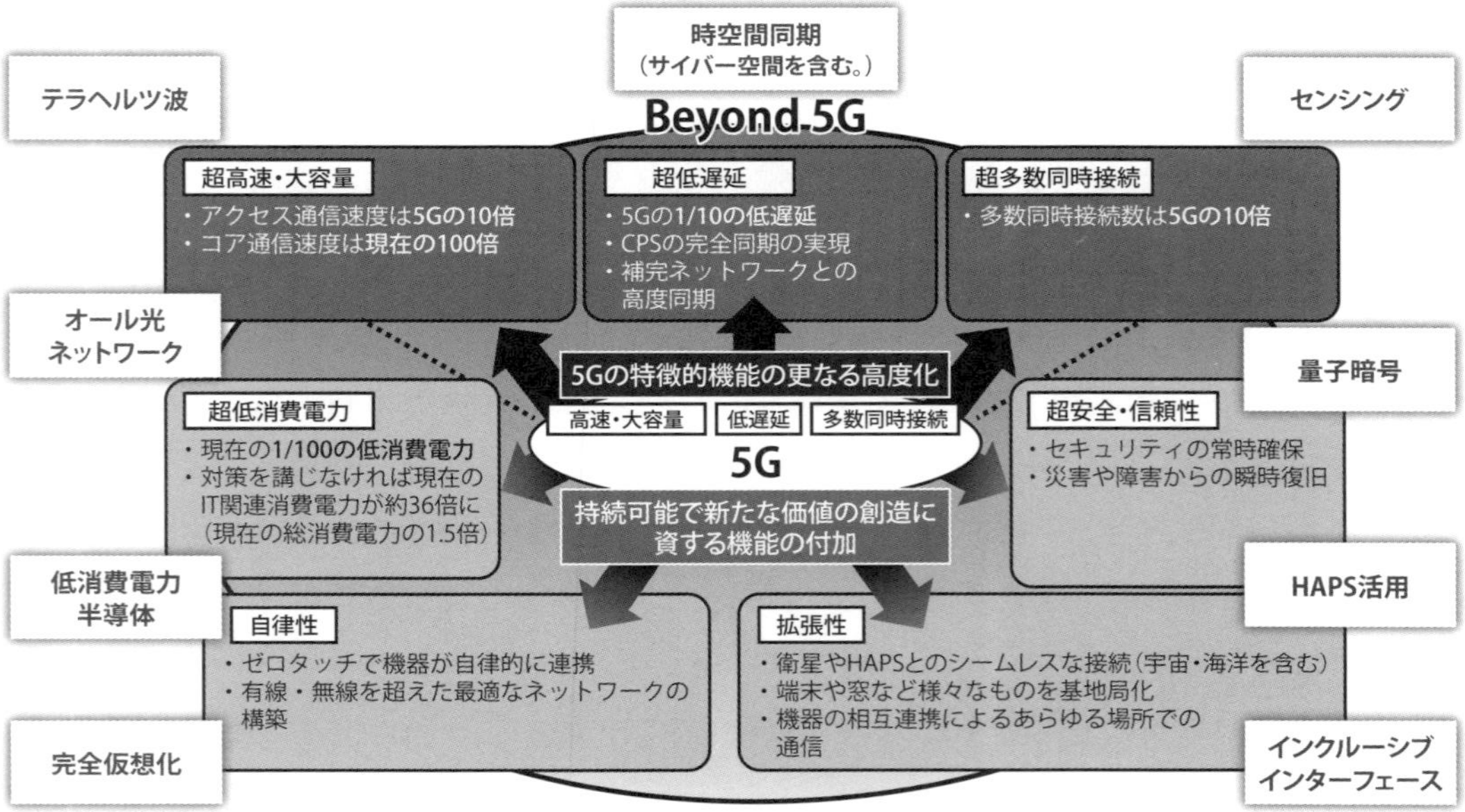

（出所）総務省「Beyond 5G推進戦略懇談会」資料

ョンを生むエコシステムの構築」、「リソースの集中的投入」という基本方針の下、「研究開発」「知財・標準化」「展開」の三つの観点から、ICTのみならず社会のあらゆる分野の関係者と連携しつつ、次のような多様な施策が戦略的に講じられていく必要があります。

・Beyond 5Gにおいて利用が想定されるテラヘルツ波（可視光より低い周波数帯域）など高周波数帯域の電波を、一定期間、簡素な手続により原則として自由に使用できる仕組みを整備する

・産学官の主要プレイヤーが戦略的に知財取得や標準化活動に取り組める拠点機能「Beyond 5G知財・標準化戦略センター（仮称）」を設置し、これらの活動を強力に支援する

・Beyond 5Gの早期かつ円滑な導入の前提となる「5Gが徹底的に使いこなされている環境」を早期に実現するため、1つの街全体を「リビング・テストベッド」とするなど大胆な実証を行うとともに、5Gを活用したソリューションをクラウド型で低廉かつ容易に利用できる仕組み「5Gソリューション提供センター（仮称）」を構築する

（総務省ホームページ　https://www.soumu.go.jp/main_sosiki/kenkyu/Beyond-5G/index.html）

5Gから6Gに移行すれば何が変わるのでしょうか。このテーマはまだ世界中で議論が始まったばかりで必ずしも明確になっていませんが、一つの方向性として、6Gは4Gから非連続な変化を遂げた5Gの機能をさらに高度化しつつ、社会基盤としての通信が一インフラにとどまらず、能動的に社会に新たな価値をもたらす変革を生み出し、またインシデントにも能動的ないし自動的に対応する万能なネットワークであり、国民生活や経済活動を支える基幹的な基盤になるという未来像が見えてきます。6Gにより、人が通信を使うというより、文字通りあらゆる場所に巡らされたセンサー機器やAI等を通じて通信するサイバー空間と共存しつつ、人が安心して自在にいきいきと活動する社会が到来するという捉え方もできると思います。

Beyond 5G／6Gを巡る冒険は始まったばかりですが、現時点で必要性が明らかなのは、現在の5Gの導入・展開を通じて6Gが実現する2030年代までに、データ駆動型のSociety 5・0の浸透と熟成・深化を図り、その成果を着実に6Gに還元していくことでしょう（6G readyな社会の実現）。この際、我が国が主導する6Gシステムやエコシステムの実現という結果だけでなく、知財獲得や標準化等の面で戦略的な国際連携等を通じてプレゼンスを確保するという「過程」も、非常に重要なものになると思います。

◉変化は予想より早く起きる

目の前に迫った5G、そしてBeyond 5Gもそうですが、現実の変化は、しばしばわれわれの予想を遥かに超えるスピードで起こっていきます。かつて20世紀初頭のモータリゼーションの世界がそうでした。1900年のニューヨーク、マンハッタン島の風景写真を見ると、大通りを馬車や歩行者が往来している姿が写っています。13年後の1913年の同じ場所の写真を見ると、そこに馬車の姿はなく、4輪自動車が列を連ねて走行しています。また、道路の両脇の建物もより大型化・高層化が進み、街の景色が大きく様変わりしていることがわかります。

この経験は、5Gのような大きな技術革新が、馬車が自動車に一変した変化と同様の、あるいはそれ以上の地殻変動をもたらす可能性を示しているというのも、あながち言い過ぎではないと思います。

いずれにしても、ＩＣＴや周辺分野の技術革新の流れは速く、５Ｇという情報通信ツールを咀嚼して効果的に活用していくために重要なことは、産業的な広がりや地方創生のどちらにおいても、２０３０年、あるいはもっと早い２０２Ｘ年を念頭に、幅広い関係者が将来を先取りした取り組みに着手し、社会課題先進国と言われる我が国ならではの実例を積み重ねていくことに尽きると言えます。

その過程は必ずしも易しいものばかりとは限らないかもしれませんが、地域が動き産業が動くその先に、冒頭の動画で見たような２０３０年頃の日本社会が実現していくことでしょう。地域や国の形を5Ｇを使いこなして変えていくぐらいの探究心と気概を持って、さまざまな方々が、ポスト・コロナ時代の21世紀の衰退しない社会をデザインして頂くことを、切に期待して止みません。

インタビュー

企業ではなく人材を誘致
地方創生のカギは人をつなげること

大南信也氏（認定特定非営利活動法人グリーンバレー理事〔神山まるごと高専担当〕）

大南信也氏は「地方創生」の第一人者として知られる。米国スタンフォード大学大学院修了後、故郷の徳島県神山町で建設会社を経営しつつ、仲間とともにＮＰＯ法人「グリーンバレー」を設立。廃校や空き家を利用した民泊事業、芸術家を招聘する「神山アーティスト・イン・レジデンス」、企業のサテライトオフィスづくりなどに尽力し、住民自身の手による町おこしを展開してきた。神山町には現在10社以上がサテライトオフィスを構え、レストラン、ブルワリーなどが続々誕生。民間主導による「神山まるごと高専」プロジェクトも進行中だ。

●人口減少にも負けない「創造的過疎」とは

――大南さんとは、総務省がテレワークを提唱し始めた頃からのおつきあいになりますね。神山町はサテライトオフィスの先進地域で、「創造的過疎」を提唱していました。

「創造的過疎」とは、人口減少が避けられない中で、地方に若い世代や創造的な人材を誘致して、

人口構成を健全化し、新たな未来を作っていこうという考え方です。ただ、その中でもサテライトオフィスについては、「神山という土壌から自然に生えてきた」という感覚です。2010年にIT企業のSansanが初めて神山にオフィスを置いてくれたんですが、当時は私自身、サテライトオフィスという言葉も知りませんでした。

Sansanの寺田親弘社長は2000年初頭にシリコンバレーで働いていたことがあり、そこでの体験から多様な働き方の必要性を感じていたそうです。神山で僕らと空き家の改修を進めていた建築家が寺田社長の友人で、「四国の小さな町だがアートのプログラムをやっていて、ネットの速度も速い」と紹介してくれたのがきっかけでした。神山では2005

年に全町に光ファイバ網が設置されて、インターネットに高速接続できたんです。

――それから次々とICT系の企業が神山にサテライトオフィスを設け始めたのですね。いったいどんな営業をしたのですか。

実は「うちに来てください」とお願いしたことは一度もないのです。「来たい」という会社があったら、後から条件を提示するだけです。実際、お金も出していないですし。神山では最初から企業と地域とがフラットな関係でした。

私が考えてきたのは、「これは企業誘致ではなく、人材誘致だ」ということです。地域を盛り上げていくためには、オフィスの数を競うより、集まってきた人たちに地元でいろいろな反応を起こしてもらい、新たな変化を生み出していくことが大切だということです。まさに人は財産です。

――大南さんはよく「人はコンテンツ」ともおっしゃっていますね。実際、サテライトオフィスで尖った人たちが来たら、それをきっかけにおしゃれなカフェやレストラン、工房ができて、「農業をやりたい」という人も現れ、6次産品で「神山ビールを作りました」といったことも起きてきました。

僕らとしてもそうした化学反応を広げていくために、新たにやってきた移住者と、元々いた人をつなげていく役割を意識しました。人と人がつながるとは、それぞれの人の持つネットワーク同士がつながるということで、結果としてより大きな網の目のような状態が築かれ、そこから新たな可能性や展開が起きてくるのです。

――サテライトオフィスができる前から、「神山アーティスト・イン・レジデンス」という芸術家招聘事業も始めていますね。

はい。日本のアート・プログラムでは「瀬戸内国際芸術祭」の直島が有名ですが、同じことをしようと思ったらすごくお金がかかる。僕らはそんなに裕福なプログラムではないので、観光客を呼んで町おこしするのではなく、制作に訪れる芸術家そのものをターゲットにして、「日本で制作するなら、神山だよね」と言ってもらえるような場所を作ろうと考えました。「作品は住民が一緒になって作る」というコンセプトで、アーティストが心地よく滞在できるような仕組みを作っていったのです。するとアーティスト本人が口コミで情報を発信してくれて、「直島も面白いけど、神山も面白い」という評価になっていきました。

●地域おこしの秘訣

――私個人としては、いろいろなネットワークや才能を持った人たちのプールが地域にで

きれば、実はそれが「地域おこし」というものなのではないかと、最近思い始めています。どの地方自治体もなかなか実現できていないことだと思いますが、なぜ神山ではうまくいったのでしょうか。

「神山はオープンだ」とよく言われます。一つには古来、遍路道が通る場で、往来するお遍路さんたちへの「お接待」の文化が今も残っているということがあります。加えて、1993年頃から外国の若い人たちを念頭に置いた民泊事業を進めました。神山町の住民も僕ら自身も、それによってトレーニングされた面があったと思います。1999年からアーティストを呼び始めたことで、また一段、そのフェーズが上がっていった。神山に住む人々がオープンなマインドを共有し、クリエイターたちにとって居心地のよい、フラットな基盤ができあがったことで、そこに人が集まってくるようになったのでしょうね。

――そこが簡単には真似られない部分なのでしょうね。地方創生において、行政との関係についてはどうお考えですか。

光ファイバ網がそうですが、発展の基盤になるインフラは民間では作れません。

――神山町の光ファイバ網は、もともと地デジ対策だったのですよね。

はい。総務省と徳島県と神山町がお金を出してくれたからできたもので、サテライトオフィスも光ファイバあっての話だったわけです。結局、インフラについては行政にやっていただかなければ無理なのです。その上に築くものについても、行政と民間の両者がお互い知恵を出し合いながら進めていく、車の両輪のような形が必要になります。

各地の行政の方からは、「うちの町にはグリーンバレーのような、先導的に動いてくれる民間の組織がなくて」という話をよく聞きますが、実際に地域の民間団体をどこまでつかんでいるかが問題で、もっと現場へ出るべきでしょう。一方で民間側も「うちの行政は何もわかってない」と批判する団体が多いですが、そうではなく、「この現状は、自分たちがやろうとしていることが、この人たちに見えていないのだ」と考え、行政の目にこちらのやりたいことがわかるよう努力すべきです。たとえば「役場がやる気がない」というときは、役場全部を一つの塊として捉えてしまっていますよね。でも実際は役場の中にもいろいろな思いを抱いている人たちが必ずいるのです。そういう人たちを見つけ出して、つながっていくことが大切です。

●高専の開校で、地域内での人材育成と循環を強化

――神山町には今も高速な光環境があります。NTTドコモの協力で、今度は移動する車

の中でもできるテレワークという総務省の5G総合実証実験をやられたと思いますが、5Gの登場でどのような変化が起きてくるでしょうか。

5Gによって何が変わるかは、実際にそれが起きるまではなかなか想像できないことだと思います。2005年に神山町に光ファイバが敷設されたときも、「これで何が起きるか」ということについて、少なくとも神山町内で予測できた人間はいませんでした。でも実際は、そこから今のサテライトオフィスの動きが始まったわけです。

とはいえ、これまでICT関連の人たちを惹きつけたことをきっかけに大きな変化が起きてきたのは、まぎれもない事実です。今の神山には先端技術に精通した人たちが集まっていますから、5Gの登場で、想像もしなかったことが起きる可能性はあると思います。

たとえば今神山には個人病院が3カ所ありますが、次の世代のお医者さんは、果して町に帰ってきてくれるのかという心配があります。今後は地域医療の中で、5Gを使った遠隔診療が必須のものとして求められるのではないでしょうか。

もう一つ、昔からここで生活してきた80代、90代の人たちは、都市に住むお子さんたちから、「ばあちゃん、じいちゃん、もうそんな不便なところは引き払って、都会へ出てきて一緒に住もうよ」と言われても、「いや、私は生きている限り、この場所におりたい」と言う方が多いのです。そうなると、その人たちの移動手段が課題になります。今後ガソリンスタンドの廃業が進んでも、電気自動車なら家で充電すれば動けるし、5Gで自動運転が実現すれば、自分で運転できなくなった高齢者には救いになります。

農業でも林業でも、高齢化と人手不足は共通の悩みです。狭い棚田できめ細かい農業をしていく上で、こうした地域のやり方に合った農業機械が5Gを活用した機能を備えたら、メリットは大きいでしょう。

もう一つの期待は遠隔授業です。実は、神山にサテライトオフィスを設けたICT企業の人たちは、周辺の学校のプログラミング教育の講師をしてほしいとよく依頼されているのです。徳島県内だけでなく、四国のあちこちで講演や授業をしています。

私自身も今、東京の青山学院大学のビジネススクールで「地方創生実践論　神山プロジェクト」という講義をしています。そうした講義もこれからは東京に行かないで、5Gで遠隔でできるかもしれませんね。

——いいですね。出張講義というと都会から地方へというイメージで、地方から都会へ遠隔教育をするという話はなかなか聞かないですね。

神山には大手ICT企業を辞めてレストランを始めたという人もいて、そういう話をビジネススクールですると、社会人の学生から「実は自分も今、新たな道を模索していて」と相談されたりします。

――東京から地方への、人材仲介ビジネスができそうですね。神山では「高等専門学校をつくろう」という話もありますね。

２０２３年４月の開校を計画していて、今、ネットで学校長を公募しているところです。社会に変化を生み出す力を持った人材「野武士型パイオニア」を育てることが目標です。神山の強みは現場があることで、身近な現場で自分たちの着想を実験して、こういうことをやれば地域が、社会が変わるかもしれないという新しいものを生み出してほしい。そういう子たちが育っていけば、いろいろな分野で力を発揮してくれるでしょう。

――人口５０００人の神山町に高専ができれば、相当なインパクトがあるでしょうね。高専の中でもＩＣＴ、とりわけソフトウェアやインテグレーションといった部分も大事になると思います。ぜひ地域情報学科みたいなものを作って頂き、神山や徳島全体、あるいは全国でいろんなフィールドワークとか、実際に５Ｇでどんな課題解決ができるかといった活動にも期待したいです。

高専では、最先端のテクノロジーとこれまで神山がやってきたアートやデザインを掛け合わせて、それに哲学とか、論理的な思考やディベートの能力を持った技術者を育てたいです。

神山の場合、高校入学時点で家から離れる子がほとんどです。持続的な発展のためには、やはり「地域内での循環」が重要で、そこは農業や林業でも「地産地消」という考えが大事なように、高専という進路の受け皿を作ることで、神山に住んでいる子どもたちの選択肢を増やし、またそこに全国から毎年数十名の子たちが入ってくることになれば、そうした人の流れや循環が新しい何かを生んでくれると思います。

おわりに

未来を予測する最善の方法は、未来を発明することだ。

アラン・ケイ(パーソナル・コンピュータの父)

"The best way to predict the future is to invent it."

筆者はこの言葉が大好きです。今では当たり前となっていますが、複数者で共同利用する大型メインフレーム・コンピュータ全盛時代の1960年代、米国の計算機数学者アラン・ケイは、個人向けの小型パーソナル・コンピュータ(PC)という概念を提唱し、これを実際に開発しました。このAltoという試作機は、スティーブ・ジョブズやビル・ゲイツらに大きな影響を与え、これが現在のiPhoneやWindows PCにつながっています。当時、PCの実現には懐疑的な見方が大勢だった中で、見事未来を開拓し、歴史を覆したのです。

5Gに至る歴史の中には、ほかにも無線通信の開祖マルコーニ、電話を発明したグラハム・ベル、携帯電話の父マーティン・クーパー、インターネットを開発したDARPAほか、さまざまな先駆者が大胆な概念を提唱・開発し、歴史や時代を塗り替えて、パラダイムシフトを起こしてきました。

画期的な技術や概念ほど、最初の風当たりは強い。5Gについても、2018年頃から非常に大きな期待が先行してきましたが、この本が出た頃には、5Gスマホフィーバーの一方でことによってはガートナー社の唱える「5G、期待のピーク期から幻滅期へ」といった論調が、新聞や雑誌の紙面に載り始める場合もありうるでしょう。ただ、それはそれでいいのです。こうした流れは、光ファイバや4Gを含めた過去の新技術の普及トレンドからしても、特に珍しくもなく、ごく一般的なものだからです。

問題はその先です。ガートナー流には「啓蒙・活動期」ということになるのでしょうが、今でもある程度利活用スタイルが見えているスマホでの超高速通信、スポーツ観戦やイベント中継などの高精細映像伝送やゲーム、VR／AR／XR、そしてテレワーク、モビリティといった分野の先に、当初からの導入目的である地域や産業の課題を解決するツールとしての可能性を、深く本質的に追求して実装していく模索の時期が続いていくでしょう。

また、5Gのネットワーク・インフラについても、2023年度までに全国津々浦々にまで5Gの展開基盤が整備されますが、5Gの能力や可能性は、引き続き各世帯等への普及を待ち、実際に接してみないとわからない部分もあるかもしれません。ただ、こうした要素を考慮しても、やはり2030年までの10年間で、人口減少や高齢化、そして不測の事態に順応しつつ、我が国が暮らしやすい、働きやすく競争力のある国に変わっていく必要がある、その実現に5Gが大きく貢献できるという期待と確信は、決して揺らぐものではありません。このためにも、やはり「5Gとは何か」「5Gはどう展開されていくのか」という基礎の部分を、曖昧なままにしておいてほしくありません。

本書では、情報通信やICT分野に明るくない方にも5Gを理解していただけるよう、5Gの定義や性能、周波数の割当てとネットワークの展開、ローカル5G、さまざまな分野における利活用への取り組み、地方創生と産業振興、5Gの先のBeyond 5G／6Gに至るまで、できるだけ平易な解説を心がけたつもりです。何度も書きましたが、2020年代末までには、いずれにしても今の4Gは5Gに全面的に移行します。これをSociety 5.0といった形で活かすも活かさないも、携帯事業者やローカル5Gの開設者だけでなく、地域、自治体、企業、研究機関、金融機関、NPO、住民など関係者の意欲と取り組み如何にかかっていることは間違いありません。地域社会や産業界を覆う停滞感・閉塞感の中で、さまざまなしがらみにとらわれて短期的な楽観視の世界に安住することは易しいですが、今般の新型コロナウイルス大流行を含めて、これまで経験したことのない世の中が到来しようとしている今こそ、変化への熱量、ダイナミズム、突破力が必要とされていることだけは、再度力説しつつ本書を結びたいと思います。

また、前出のアラン・ケイ氏の次の言葉を借りて、5Gが無限大の可能性を持った「一粒の種」として、社会とともに成長していくことを心から願っています。

一個の林檎の中にある種の数は、数えられる。
しかし、一粒の種の中にある未来の林檎の数は、数えられない。

最後になりますが、日々叱咤激励を下さり本書の出版を可能にして頂いた、敬愛する石橋湛山先生を輩出した東洋経済新報社の伊東桃子氏及び髙橋由里氏に厚く御礼申し上げるとともに、本書内での対談をご快諾頂いた諸氏、電波部移動通信課を初めとする総務省の面々、（株）ニューメディアの天野昭社長ほか、さまざまなご関係の皆様にも、改めて感謝致します。

2020年4月　片桐広逸　記

参考文献

梅田望夫『ウェブ進化論――本当の大変化はこれから始まる』ちくま新書、２００６年
海老原城一・中村彰二朗『Ｓｍａｒｔ Ｃｉｔｙ ５・０――地方創生を加速する都市ＯＳ』インプレス、２０１９年
尾木蔵人『決定版 インダストリー４・０――第４次産業革命の全貌』東洋経済新報社、２０１５年
河合雅司『未来の年表――人口減少日本でこれから起きること』講談社現代新書、２０１７年
神田誠司『神山進化論――人口減少を可能性に変えるまちづくり』学芸出版社、２０１８年
クロサカタツヤ『５Ｇでビジネスはどう変わるのか』日経ＢＰ社、２０１９年
澤田純・井伊基之・川添雄彦『ＩＯＷＮ《アイオン》構想――インターネットの先へ』ＮＴＴ出版、２０１９年
上念司『地方は消滅しない！』宝島社、２０１５年
谷脇康彦『サイバーセキュリティ』岩波新書、２０１８年
テレコミュニケーション編集部編『地域で活きる実践ＩｏＴ――自治体、農業、倉庫・工場の活用事例』リックテレコム、２０１８年
冨山和彦『なぜローカル経済から地方は甦るのか――ＧとＬの経済成長戦略』ＰＨＰ新書、２０１４年
日立東大ラボ編『Ｓｏｃｉｅｔｙ《ソサエティ》５・０――人間中心の超スマート社会』日本経済新聞出版社、２０１８年
藤原洋『全産業「デジタル化」時代の日本創生戦略』ＰＨＰ研究所、２０１８年
増田寛也『地方消滅――東京一極集中が招く人口急減』中公新書、２０１４年
森川博之『データ・ドリブン・エコノミー――デジタルがすべての企業・産業・社会を変革する』ダイヤモンド社、２０１９年
総務省『情報通信白書』

マ行

ラ行

サ行

タ行

ナ行

ハ行

ア行

カ行

索引

数字

A～Z

【著者紹介】
片桐広逸（かたぎり　こういち）
総務省 総合通信基盤局電波部 基幹・衛星移動通信課長
慶應義塾大学経済学部卒業、米国ジョージタウン大学院修了（公共政策学修士）。
総務省（旧郵政省）に入省以降、全国ブロードバンド整備、ICTによる地域活性化、放送行政、電波・電気通信事業政策、被災地復興支援など広く情報通信・ICT行政に携わり、2018年4月から2019年7月まで携帯事業者への周波数割当てやローカル5Gを含む我が国の5G推進戦略を担当。全国各地での講演等も多数。2019年7月から現職。山形県出身。

決定版　5G
2030年への活用戦略

2020年6月11日発行

著　者――片桐広逸
発行者――駒橋憲一
発行所――東洋経済新報社
〒103-8345　東京都中央区日本橋本石町 1-2-1
電話＝東洋経済コールセンター　03(6386)1040
https://toyokeizai.net/

ＤＴＰ…………アイランドコレクション
印刷・製本……丸井工文社
編集協力………久保田正志、パプリカ商店
編集担当………伊東桃子／髙橋由里
 Printed in Japan　ISBN 978-4-492-58116-2